Art militaire a Cheual.

INSTRVCTION
DES PRINCIPES ET FON-
DEMENTS DE LA CAVALLERIE,
& de ses quatre especes, Ascauoir Lances, Corrasses, Arquebus & drageons, auec
tout ce qui est de leur charge & exercice.

Auec
QVELQVES NOVVELLES INVEN-
tions de Batailles ordonnees de Cauallerie,

Et
DEMONSTRATIONS DE LA NECESSI-
TE, VTILITE ET EXCELLENCE DE L'ART
militaire, sur toutes aultres arts & sciences.

EXPERIMENTE, DESCRIPT ET REPRESENTE
par plusieurs belles figures entaillees en cuiure,

Par
IEAN IAQVES DE Wallhausen, PRINCIPAL
CAPITAINE DES GARDES, ET CAPITAI-
ne de la louable ville de Danzick.

Imprimé a Francfort, Par PAVL IAQVES, aux
frais de Iean Theodore de Bry.

L'AN M DCXVL.

AV TRES-ILLVSTRE ET TRES-HAVLT PRINCE ET SEIGNEVR FRIDERIC CINQVIESME,

CONTE PALATIN DV RHIN, ELÉCTEVR
du S. Empire Romain, Duc des Bauieres
&c. Mon Tres-clement Seigneur.

TRES-ILLVTRE *Seig. A bon droit pouuõs nous dire, que, combien qu'entre diuerſes calamitez, nous auons atteint vn ſiecle plus admirable & heureux que nos anceſtres, auquel toutes les arts & ſciences, tãt mechaniques que liberales, ſont montees au plus hault, eſtant polies de pluſieurs,* diuers & bons eſprits en toutes nations, qui tendent tous enſemble a ce bout, non ſeulement de laiſſer quelque teſmoignage de leur ſcauoir & experience, mais auſſi de monſtrer l'affection & deſir, qu'ils ont de ſeruir au public. *Entre aultres voyt on auſſi* l'Art militaire, *non tant eſtimée du paſſé, & encor du preſent, de quelques vns, que neceſſaire pour le bien & entretien des* Royaumes, Seigneuries & Republiques, *menacees & meſme commeües de tant des dangereux aſpects d'vn* Mars *non pas planetaire, mais terreſtre, & qui leur eſt plus proche. Auquel pour faire reſiſtence, il n'y á meilleur moyen que de ſe pouruecir de bonn'heure, non ſeulement de toutes ſortes d'armes, mais auſſi des gens, qui en ſcauent vſer propre-et dextrement. Et pour les auoir, il y fault des preceptes, par leſquels la ieuneſſe y ſoit bien inſtruicte & exercée.* Moyen certes propre de ſe fortifier a l'encontre de tous aſſaults, comme ſentoit tresbien ce Prince Lacedemonien, qui eſtant demãdé, pourquoy la ville de Sparte n'eſtoit cloſe & enuironnée de murailles & ramparts, comme les aultres villes de la Grece : Reſpondit, que c'eſtoint là leurs murailles, (monſtrãt ſes bourgeois bien dreſſez & exercez aux armes) deſquelles il eſtoit plus aſſeuré que de celles qui eſtoint baſties de terre & de pierres. *Reſponce comme aſſez oultrecuidée de l'vne, ainſi auſſi biẽ louable de l'aultre part: Car il n'y a meilleure muraille ni rampart plus aſſeuré en vne ville, que le bon & loyal bourgeois, qui s'employe deüe & dextrement a la defenſe de ſa chere patrie.*

Or n'y a il faulte de preceptes en ceſt endroit, ains voyon; nous comment pluſieurs & diuerſes nations y beſoignent. Entre leſquels

lesquels ayant rencontré l'esté passé vn traitté de l'Art militaire de l'Infanterie de Iean Iaques de Wallhausen Capitaine des gardes de la ville de Dantzick, ie l'ay fait imprimer, & s'enty que i'en ay fait plaisir a plusieurs. Dont luy mesme m'ayāt aussi presenté ce traitté de la Cheualerie, ie me suis resolu d'en faire le mesme, ascauoir de l'imprimer & publier, non seulement en lāgue Allemande, mais aussi en la Françoise, & monstrer le desir que i'ay, de seruir a vn chascun.

Mais d'aultant que telle œuure bien difficilement entre en place, sans estre rongée & des ignorans, & des scauants, mais enuieux, & tousiours plus prompts a reprendre le labeur d'aultruy, que de l'amender, ou faire mieulx, il m'a fallu luy chercer vn tel patron, soubs la protection duquel elle pourroit euiter tout oultrage. C'est pourquoy ie m'adresse Tres-Illustre Seig. a Vostre Serenissme Altesse, tant pource que ie scay, que comme Prince vrayemēt magnanime telles œuures luy sont agreables; que voyant que c'est encor vn fruict, qui sort de l'eschole de ce Gran Maurice de Nassau, Oncle d'icelle, il m'a semblé que ie ne la debuois adresser a aultre, comme celle qui en entreprendroit la defense auec plus grande affection : Et esperant d'estre reçeüe de la benignité accoustumée de vostre Serenissme Altesse, comme ie la luy dedie & consacre en deüe humilité & reuerence, je prie ce bon Dieu de la maintenir en sa sauuegarde.

De Vostre Serenissime Altesse

Treshumble subiet

Iean Theodore de Bry bourgeois
d'Oppenheim.

(:) 3

Auec Grace & Priuilege Imperial
pour fix ans.

AV LE-

AV LECTEVR ET AMA-
TEVR DE LA TRESNO-
BLE MILICE.

M y Lecteur. Ce Treslouable Cheualier, le Seig: George Balta ne dit fans raifon en la preface fur fon traicté du Gouuernemét de la Cauallerie, qu'il ne fe peult' affez efmerueiller, de la grande negli-géce de ceulx, qui ont efcript des chofes militai-res, tant anciens que modernes, en ce qui concer-ne la Cauallerie. Et alleguant quelques raifons, qui iufques a pre-fent les en ont detournez, entre lefquelles il conte aufli celle cy, qu'ayans plus d'efgard a la milice ancienne des Greqs & Romains, defquels le principal effort eftoit en l'Infanterie, ils ne fe font foulciez dela Cauallerie: ne s' en contente toutesfois, ains en ad-ioufte encor vne aultre plus vray femblable, afcauoir, qu'ils n' en ont rien fceu ne entendu. Ce que je luy accorde volontiers, y adiouftant encor cecy, afcauoir, que ceulx la mefmes qui l'ont bien entendu, par vne damnable enuie n' ont voulu cómuniquer aux aultres, ce qu'ils en fcauoint. Et quant a ce trefprúdent & grád Cheualier, c'eft bien dommage, que les braues exploicts & fuc-ces, lefquels fans doubté il á mis par efcript, ne font publiez. Et fuis bien d'aduis, que s'il euft vefcu du temps de la publication dú fufdit traicté, il l'euft & augmenté & corrigé en plufieurs endro-icts. Car , comme on voit, il ne dit mot des fondements & prin-cipes de la Cauallerie, ne par quel moyen elle doibt eftre códuicte a vne bonne & heúreufe fin. Dont a bon droict je m' en plains a-uec Ælian, que comme aultres efcriuains des chofes militaires, il n' a point efcript pour les nouices & Tyrons , mais pour les vieulx & bons foldats. Voycy qu'en dit Ælian: Omnium ope-ra legi, & quid de iis iudicem , dicam: Omnes fere ita vnanimi-

ter

ter fcripfiffe, quafi docere homines vellent , non ignaros, fed fatis earum rerum peritos quas explicare ftatuerunt. Ceft a dire:
j'ay leu tous leurs efcripts, & en diray rondement mon aduis : A-
fcauoir que tous vnanimement en ont efcript, comme voulants
enfeigner non pas les ignorants, mais ceulx qui ont defia bonne
cognoiffance ou experience des chofes , qu'ils pretendent trai-
¢ter. Ce qui a bon droi¢t fe pouuant dire, non feulement des antiques, Excepté Vegece, Frontin & Ælian, mais auffi des modernes, & mefme de ceulx de noftre temps, qui n'ont efcript que par
parties de cefte tant haulte fcience, dont n'y á qui en puiffe faire
quelque profit, que ceulx qui y font bien experimentez, paffent
les principes & fondements foubs filence : j'ay bien voulu prendre la peine d'en faire quelq; deduction , & monftrer les commencements & tyrocines des arts militaires, pour la fatisfaction
& contentement des amateurs d'icelles. T' affeurant rondement
amy lecteur, que ce que j'en efcris, ne procede ou de curieufité
ou de quelque vent de fole ambition : mais d'vne fyncere affe-
¢tion & amour de la ditte art, & du defir de fecourir & inftruire
les tyrons & nouueaux venus. Auec regret, non feulement de ce,
que cefte art á efté fi longuement cachée & comme enfepuelie,
mais auffi qu'en la Chreftienté les principes & fondements d'icelle n'ont efté deüement propofees & enfeignees a la Ieuneffe & nouices. Car (ce qui toutesfois fe dit fans vantife) paruenant par
l'auancement de perfonnages trefdignes & amateurs de la vraye
milice, principalement par le trefnoble & preux Cheualier Die≠
drich Dönhoff ɾc: General de l'armee de la Maiefté Royale de Po-
logne & de Suede, a quelques grandes & honorables charges, je
ne m'ay peu affez efmerueiller de la grande ignorance de ceulx,
que j'auoy foubs mon commandement , entre lefquels il y en a-
uoit non dix, ne cent, mais bien la plus grande partie, qui ayants
efté en diuerfes armees par 10. 20. 30. & 40. annees, perfuadez
& beaucoup fcauoir, & grande experience ; voire non feulement en communs foldats, mais auffi ayants offices de Sergeants,
Port-enfeignes, ou Lieutenants ; qui ne fcauoint comment ils
debuoint manier leurs armes, & refpondre a ceulx qui leur en de-
mandoint raifon. Chofe qui ne prouient que d'vne deplorable
negligence en l'art & exercice militaire des communs foldats, &
d'vne malheureufe & maulditte enuie de quelques Officiers, qui
en ayant quelque cognoiffance ne la veulent communiquer,
voire

voire haissent ceulx, qui pouſſez de l'amour de ceſte tant noble
ſcience, d'vn deſir louable de l'auancer, & du bien des tyrons ou
nouueaulx ſoldats, en mettent quelque partie en lumiere. Mais
qu'eſt il de faire de ſemblables eſprits enuieux? Patience. Car ceſt
le commun que la vertu ſoit touſiours pourſuiuie de l'enuie. Et
de faict ce ſecond liure, meſme deuant d'eſtre parfaict, & mis en
lumiere a ſenty la dent enuenimée d'vn Môme enuieux, & d'vn
ignorant Zoile, ſe meſlant de la cenſure de ce mien labeur, deuãt
en auoir eu la veuë, beaucoup moins l'intelligence, le diſant eſtre
ſeulement pour les eſcholiers, apprentis, & tyrons, & non pour
les Chefs, Capitaines & aultres Officiers, ayants quelq, cognoiſſance de la milice. Et qu'eſt il de beſoing, dit il, d'eſcrire de la Cauallerie? & quelles ſubtilitez en peult on attendre? Et ce Môme,
& Zoile ne pretendoit eſtre des moindres, non ſeulement bon
& viel ſoldat & bien experimenté, mais auſſi qui par ſa prouëſſe
eſtoit monté a l'honneur de pluſieurs grãds offices. Cependant
il monſtre (faiſant mine d'auoir ſondé, voire deuoré, toute
l'art militaire) vne admirable ignorance & ignorante impruden-
ce, de deſdaigner le labeur d'aultruy, & demander quelle ſubtilité on pourroit attendre de la Cauallerie. Voire que tout l'effect
de ſubtilité eſtoit en l'Infanterie, & que de la Caualleriè on n'en
à auleune attente. Mais Môme ignorãt & Zoile malicieux appren
premierement l'A B C, deuant que de perſuader d'eſtre Docteur,
& d'entreprendre la cenſure du labeur d'aultruy. N'as tu jamais
ouy ou entendu, combien noble, & de quelle importance eſt la
Caualleriè, & de quelle neceſſité elle eſt en la milice? N'as tu (ſi
tu es tel que tu te vantes,) jamais ouy quels ſont ſes effects, &
combien heureuſe en eſt l'iſſue, quand elle eſt miſe en œuure comme il appartient? Et qu'eſt ce, je te prie, de l'Infanterie ſeule &
ſans Caualleriè? Comment ordonnera l'on vne bataille ſans icelle Caualleriè? Quelle ſurpriſe, eſcarmouche ou aultre entrepriſe, ſans la Caualleriè? En Hongrie comment ferois tu les courſes ſur le Turc, comment le pourſuiurois tu, comment le ferois tu
deſloger de nos limites ſans Caualleriè? Ou as tu veu auleune
bataille, ſoit en Hongrie, ou en aultre quelconque region ſans
Caualleriè, voire qu'elle n'ayt fait les plus grands efforts? Par quel
moyen eſt ce, que ce grand & renommé Chef de guerre, le treſ-
heroïque & treſgenereux Prince Maurice d'Orange &c. fit ployer ſon ennemy a Turnhaut, ou en la campagne de Tiel? N'e-

soit-ce pas celuy de la Cavallerie ? Par quel moyen obtint il la victoire en Flandre ? N'estoit pas par la Cavallerie, en laquelle ce noble chevalier le Seig. Gent Pax s'employa si honorable & courageusement ? Ne te souvient il de Rinberk, & comment la Cavallerie seule emporte 500. Infants, non obstant l'avantage qu'ils avoint ? En somme, pour te monstrer tous les effects & subtilitez de la Cavallerie, il y fauldroit vn traicté a part, du que toutesfois comme Momé ignorant je t'estime indigne.

Vrayement est ceste miene œuvre, & le confesse volontiers, pour les tyrons ou nouueaux soldats, tendante au bien & instruction de ceulx qui d'vn courage genereux se sont devouez à la Cavallerie. Mais aussi ne t'ay-je bien instamment requis au premier liure de l'institution de l'Infanterie, que pour le bien & de la Chrestienté, & de la milice, tu tascherois de l'augmenter & avancer autant que tu pourrois l'instruction des ieunes soldats? Mais si tu es si malheureusement enuieux, que tu ne veulx communiquer ce que tu en as appris: pour les moins ne debvrois tu regarder ma promptitude & bien vueillance au seruice du commun, d'vn oeil si maling.

Quant a moy je ne vouldrois auoir vescu pour moy seulement, mais aussi pour tous ceulx, auxquels par quelque moyen honnorable je pourrois seruir. Et te prie, amy lecteur & amateur de ceste milice, de prendre ces principes & fondements de la Cavallerie a gré & de bonne part, t'exerçant en ces tyrocines, iusques à ce qu'au traictez suiuants, lesquels j'espere de publier, Dieu aydant, en brief, tu recoibues le reste, & ce qui est de plus grande science, asçauoir du logis ou au village ou en campagne des places d'Armes, des surprises des quartiers, des guettes ordinaires & extraordinaires: Item de ce qui est a obseruer soit au camper ou au marcher: Auec ceste consideration, que si toutes ces matieres estoint traictées en ce liure, qu'il fut deuenu trop grand, & trop cher a cause de plusieurs figures, qui y debuoint estre adiointes. Et quant aux traictez promis au premier liure; ils ne fauldront d'estre (si Dieu m'en fait la grace) d'estre publiez a temps, leur donnant pour Prodrome ou auanteourrier vn petit traicté de la translation, de ce renommé autheur Flaue Vegece, pour monstrer quelle a esté la milice & armature des anciens Romains, auec quelques belles figures & pourtraictures d'icelle. Oeuure certes

de sin-

de singuliere importance & curieusité tant pour les nouueaulx
soldats, que pour les vieulx & exercez Capitaines.

Q V E ces froilons, qui ne desirent que d'emporter &
deuorer le miel & labeur d'aultruy, soyent aduertis,
qu'aussitost que j'apperceburay, qu'ils imprimeront
quelque partie de ces miens traictez en quelconque lá-
gue que ce soit, je les augmenteray & renouuelleray, a leur dommage : Sans la honte qu'ils en receburont, d'auoir mis la main sur
ce, qui ne leur appartient.

)·(SOM-

SOMMAIRE DE CE SE-
COND LIVRE.

ONTENANT vn Abbregé de chaſq; partie d'iceluy, & Chapitre en particulier.
Ce ſecond Liure eſt diuiſé en cinq parties.
La premiere partie á quatre chapitres, ſelon les quatre ſortes & eſpeces de Cauallerie a-
ſcauoir Lances, Corraſſes, Arqueb. & Dragéons.

Le 1. Chap.

Deſcription de la Lance, l'armature d'icelle, & de quelle
importance & excellence. Item pourquoy elle a commencé a defaillir. Et finalement, vne collation d'icelle auec la corraſſe, qui
luy eſt preferée par le Seig: George Baſta, mais, comme il eſt demonſtré aſſez au long a tort, la Lance emportant le pris; par pluſieurs & treſaſſeurées raiſons. Il á neuf figures, La 1. 2. 3. 4. 5. 6. 7.
8. & 11. priſes de la Cauallerie du dit Cheualier Baſta, & colloquees
auec leur declaration ſur la fin du chapitre.

Le 2. Chap.

De la corraſſe & ſon armaturé. Que c'eſt vne Inuention
nouuelle, & dont elle á pris ſon origine. Item pourquoy ce nom
luy eſt donné, Auec vne deſcription de ſon effect & proprieté. Il
á vne figure, aſcauoir la 9.

Le 3. Chap.

De l'Arquebus, Carrabin ou bandelier, ſon armature & maniement

hiement de toutes sortes d'arquebus. Il á vne figure : aſcauoir la 10.

Le 4. Chap.

Des Drageons, leur vtilité, vſage & armature. Il á vne figure aſcauoir la 11.

LA SECONDE PARTIE.

TRaicté de l'Exercice de la Cauallerie, en quatre Chapitres: dôt es trois premieres eſt monſtré, comment chaſque Compagnie doibt eſtre dreſſée, en ſorte, que ſelon ſa proprieté elle puiſſe effectuer ce qui de ſa qualité eſt requis. Item en quel nombre elles doibuent eſtre.   Au chapitre quatrieſme eſt monſtré en particulier, comment chaſcune partie eſt exercée.

Le 1. Chap.

En quel nombre doibt eſtre vne Compagnie de Lances, pour effectuer proprement ce qui eſt de ſa qualité. Auec vne demonſtration, que ſelon mon inſtruction 40. ou 30. cheuaulx feront a preſent, ce a quoy du paſſé on employoit 300. ou 400. Il á vne figure, aſcauoir la 12.

Le 2. Chap.

En quel nombre doibt eſtre vne Compagnie de Corraſſes auec ſes Officiers. Il á vne figure aſcauoir là 13.

Le 3. Chap.

Des Arquebuſiers Carrabins ou Bandeliers : ou nombre de leurs Compagnies, auec leurs Officiers. Il á trois fig. aſcauoir la 14. 15. & 16.

Le 4. Chap.

De l'exercice, & comment il doibt eſtre entrepris de la Cauallerie, demonſtré par l'exemple d' vne Compagnie d' arquebuſiers. Il á ſix figures, aſcauoir là 17. 18. 19. 20. 21. 22.

)(:)(3   LA

LA TROISIESME PARTIE.

DEs Batailles & leurs diuersitez, ordonnées d'vne Compagnie. Contient cinq chapitres,

Le 1. Chap.

Comment vne bataille est ordonnée d'vne Compagnie de Lances. A vne figure, ascauoir la 23,

Le 2. Chap.

Comment vne bataille est ordonnée d' vne ou de plusieurs Compagnies de Lances est mise en œuure, A deux Fig. asc. la 24. & 25.

Le 3. Chap.

Comment d'vne Compagnie de 50. ou 60. Lances, on peult emporter 100. Corasses. A trois Fig. asc. la 26. 27. & 28.

Le 4. Chap.

Comment vne Compagnie de Corasses est ordonnée en bataille. A deux figures, ascauoir la 29. & 30.

Le 5. Chap.

Comment & les Bandeliers & Drageons sont ordonnez en bataille. A deux figures. La 31. 32.

LA QVATRIESME PARTIE.

EN laquelle le bening & curieux amateur de la Milice voit, côment de toutes quatre sortes de la Cauallerie, de chascune trois Compagnies, faisants vn esquadron de 1200 cheuaulx, sont ordonnées quelques batailles tant defensiues qu'offensiues. Elle contient trois chapitres,

Le 1. Chap.

Monstre six sortes de batailles auec leurs noms propres. Ité
vne

vne bataille volontaire offensiue, L'vnaire auec la defence. Puis v-
ne forcée prouoquée & defensiue, auec son offense. A sept figures asc. la 33. 34. 35. 36. 37. 38. 39.

Le 2. Chap.

Comment il fault disposer les Compagnies, pour les pouuoir subitement ordonner es batailles susdittes. A vne Fig. la 40.

Le 3. Chap.

Des gardes & sentinelles requises aux logis & quartiers de la
Cauallerie. A trois figures. La 41. 42. & 43.

LA CINQVIESME PARTIE.

V N discours de deux personnes, L'vne Milan, L'autre Martin, de la dignité, excellece & preeminence de l'art militaire,
par dessus toutes les autres sciences & arts tant Liberales que mechaniques, exceptée la Theologie, demonstrée & soustenue par
plusieurs iustes raisons. Icy Que l'art Militaire debuoit estre ense-
igné es Academies auec les lettres, côme on faisoit deuant quelques cent annees entre les Greqs, Lacedemoniens & Romains. Et
finalement que les arts liberales doibuent pour gaigner le temps
de la ieunesse estre proposées , expliquets & traictées en nostre
langue maternelle, comme les Greqs & Latins
les ont proposées en leur pro-
pre languaage.

Premiere partie,

DE L'INSTRVCTION
ET GOVVERNEMENT
DE LA CAVALLERIE.

TOVTE la Milice consiste en deux poincts:

I. En l'homme ou gendarme.

II. Es armes. Comm'on dit en Latin. In viris & armis.

Quant au premier concernant l'homme, l'art s'en monstre en trois poincts ou endroits.

I. A Pied.

II. A Cheual.

III· A Batteau.

La premiere comprend en soy quattre especes, esquelles elle á son accomplissement.

I. Musquetriers & Picquiers d'vn regiment entier, où d'vne enseigne, & trouppe, comme il est monstrè au premier liure de l'art militaire à pied.

II. L'Artillerie & science de la manier.

III. L'art de fortification.

IV. La science d'ordonner vne bataille.

De la seconde & troisiesme espece, ascauoir de l'Artillerie & de la Fortification le bening lecteur en trouuerá ailleurs suffisante instruction : & y adiouterons ce qu'on y pourroit requerir d'auantage Dieu aydant au quattriesme liure. La quattriesme, ascauoir la science d'ordonner vne bataille serà deduicte au troisiesme liure de mon traicté.

Et passeray ainsi au second poinct de l'art, qui est la science de bien guerroyer a cheual, y monstrant selon tout mon pouuoir l'affection que j'ay de satisfaire aux amateurs de ceste tant noble science, jusques a ce qu'il y suruienne quelqu'un qui plus experimentè, les puissent mieux contenter.

Or ceste milice est repartie en quattre sortes.

A   I. La

I. La premiere est le lancier, ou soldat a cheual, auec la lance comme tu vois Num. 1. Fig. 1.

II. Le Corassier, ou soldat a cheual, auec la Corrasse comme on voyt Num. 2. Fig. 1.

III. L' Arquebusier, ou soldat à cheual, auec l' arquebus ou bandelier, comme Num. 3. Fig. 1.

IV. Le Drageon ou soldat a cheual, auec le musquet ou la picque comme Num. 4. Fig. 1.

Ces quattre sortes sont reparties derechef en deux especes, desquelle l' vne est ditte Cauallerie legiere, & l' aultre graue ou pesante.

En la graue est comprise la lance & la corasse.

En la legiere se compte l' Arquebusier & Drageon.

Le lancier est propre pour toutes les deux especes, tant pour la graue que pour la legiere, comme aussi il peult estre armé a la legiere, ou a la pesante auec corasse ferme: Ainsi que cy appres sera demonstrè.

La qualité de l' armure de la Cauallerie est aussi de deux sortes.

Offensiue &

Defensiue.

L' vne pour offenser son ennemy, & l' aultre pour s' en guarantir.

Des quattre sortes susdittes de Caualleries, il y en á partie qui á l' armure seulement defensiue, & partie qui l' á seulement offensiue.

Et partie l' á de toutes les deux sortes, ascauoir, & offensiue & defensiue.

La Corasse est defensiue.

L' Arquebus & Drageon est offensiue.

La lance est offensiue & defensiue.

Or de ces quattre sortes de milices a Cheual, ou Cauallerie discourrans cy appres, nous parlerons premierement de chascune en particulier; & puis de toutes en general nous enseignerons tout ce qui concerne les fondements d'icelles.

I. Chap.

CHAP. I.
Du Lancier.

A lance eſt bien la principale & plus noble partie de la Cauallerie, & ce par deux raiſons.

I. Pource qu'elle requiert plus d'exercice & d' adreſſe que les aultres.

II. Pource qu'elle requiert le cheual de pris & meilleur que tous les aultres.

Quant a l'exercice particulier ; tous ceulx qui ont aulcune intelligence de la Cauallerie, ſcauent treſbien, que le Lancier a beſoing de plus d'excercice tant pour ſa perſonne que pour ſon cheual, que les aultres. Comme deuant quelque 50. 60. 80. ou 100. ans, il a eſté en pluſgrande recommendacion, entre la Nobleſſe, qui non ſeulement es feſtins de nopces & bapteſmes, mais auſſi en aultres aſſemblees extraordinaires s'y exerceoit, & auec grand zele & courage s'eſuertuoit pour en porter le pris & honneur. Et de fait entre les Lanciers, il n'y auoit que perſonnages des plus nobles & dignes de l'honneur de Cheuallerie.

Mais a preſent puis que ces feſtins & exercices de Nobleſſe, comme de Rompre lances, Courrir la bague, Ioutter ou tourner & aultres ieux ſemblables ſont venus a defaillir, il n'y reſte a peine la dixieſme, voyre centieſme partie de ſes exploits & effects requis, tant par faulte des gens propres & capables d'vne ſcience ſi exquiſe, en place deſquels on eſt contraint de ſe ſeruir de gens baſſes & vils, que par manquement de ſolde requiſe & competente au merite.

De fait venant en conſideration de ceſte premiere & treſdigne ſorte de Cauallerie, ie ne peulx aſſez admirer, ni exprimer la diligence ſoing, induſtrie & deſpens de pluſieurs Nobles & preux Cheualliers, en l'exercice & auancement d'icelle, comme on en voit pluſieurs diſcours deſcrits en langue Françoiſe, Italienne, Allemande, & aultres : Eſquels tout ce que tu trouues des faits louables & dignes de memoyre, procede de la lance arme vrayement digne de la Nobleſſe. Dont on en pourroit alleguer vne infinité d'exemples tant d'hiſtoyres veritables, que feintes.

Au contraire ne ſe pourroit on aſſez côplaindre de la grande nonchaillance & meſpris de ceſte ſorte d'armes, tant eſtimee du paſſé, (ſans la ſcience de laquelle perſonne ne pouuoit acquerir reputacion de Cheualier,) voyant & apercebuant toutesfois, que par le moyen d'icelle l'eſtat de Cheuallier, a eſté preferé a toutes auitres dignitez, recebuant par ce moyen la couronne d'honneur comme treſiuſte recompenſe de ſes labeurs & proueſſes ; de ſorte auſſi que par le moyen d'icelle les plus grands & plus ſigna-

lez

ler Cheualliers ont tousiours voulu monstrer leur valeur, & maintenir
leur eminence & dignité, iusques enuiron 60. ou 80. ans en ça esquels la
noblesse moderne s'en esttant degoustée, iusques a l'ensepuelir en vn total oubly, si elle n'estoit aulcunement soustenüe es courts des plus genereux Princes, esquelles on en voyt encor reluyr quelques estincelles, es festins nuptiaulx, Baptesmes ou aultres semblables solennitez. Peult estre,
que cela luy aduient de ce que bien rarement elle s'y trouue, pour en veoyr les effects tant louables; ou bien que quelques vns s'en font des proiects,
du tout aultres qu'ils ne debuoint: disants en eulx mesmes par vne maniere de mespris: Il y a grande peine & labeur, despens inutiles, & diligence
sans profit, ioint qu'on ne s'y auance sans rudes & dangereuses secousses.
Et quel auantage en peult on attendre. Cest le ieu & passetemps des
Grans Seigneurs: tu n'y as que faire. Tu courriroys longuement a la bague,
ioutterois ou tournerois brauement, ou romperois beaucoup des lances,
deuant de gaigner quelque chose pour ta cuisine. &c.

　　　Et quelle est pour le iourd'huy l'occupacion, je ne dis pas de tous
(parlant seulement de ceulx qui sont coulpables) mais d'vne bonne partie
de la Noblesse de nostre temps auec mespris & desdaing de ce noble exercice ? Ie le disois volontiers, mais Veritas odium parit. La verité engendre
la haine.

　　　Et voit on journellement les fruicts procedans de la nonchaillance
& mespris de ceste science, en la peruersité de ce siecle. Ouure les yeulx,
regarde & examine vn peu en ton esprit les temps passez deuanz 100. ans;
& les conferant auec le present si piteuse & malheureusement debauché,
tu trouueras de quoy mener des grandes complaintes. Et si tu ne le veulx
veoyr ou entendre, je te le declaireray, Dieu aydant, au cinquiesme liure de
ce mien traicté.

　　　La lance pour le present n'est guere estimee, mesme entre soldats faisant profession de grande experience, disans que c'est vne armure mal commode : Car, disent ils, elle requiert vne compagne nette ; & est de nul vsage, en passages ou lieux estroicts, en bois, buissons & aultres semblables
lieux empeschez. Mais sans aulcune raison. Et j'afferme rondement, que
celuy, qui soubs quelconq; pretexte que ce soit, mesprise ce viel, noble, &
tresutil exercice, ou n'entend ce qu'il dit, ou bien l'entendant, monstre qu'il
n'a le coeur de soldat ou cheualier. Cars' il entendoit la qualite, l'effect,
& ce qui y est requis en ceste armure, il ne parleroit en telle maniere: Ou
si l'entendant, il la mesprise toutesfois, il monstre bien qu'il n'a l'esprit de
Cheuallier, ains de couardt, qui tousiours crainct le labeur & s'imagine le
danger plus grand qu'il n'est.

　　　Mais, me dira on; elle n'est vsitee mesme entre les plus grans chefs des
guerres de nostre temps: Et prouinces du Pais-bas de toux deux costez, en
Vngrie, & aultres armees, on n'y voit non plus des lances. Voyre ce grand
& magnanime guerrier le Tres Illustre Prince Maurice d'Orange n'en fait
point grand cas. Car comme Prince tresexpert & tresprudent, qui n'a pareil ny entre les Antiques ne Modernes en l'art & discipline militaire, s'
il trouuoit quelq; estime ou auantage en la lance, il la mettroit sans doubte en œuure: mais tant s'en fault qu'il a mesme cassé, en son gouuernement tant louable, celles qu'il a reçeu de son feu Pere de pieuse & heureuse

memoyre, Le tres Illuſtre Prince Guillielme d' Orange, combien que chez ſon aduerſe partie elles ſoyent, toutesfois non en trop grande quantité, encor en eſtre. Mais pour reſponce je dis:

Que ceſte tant noble & precieuſe partié de la Cauallerie, n' eſt ne meſpriſée ne negligentee de ce treſprudent & Illuſtre Gendarme: ains tenue encor en meſme honneur, eſtime & ruputation. Toutesfois en ſon lieu.

Et s' il a quitté la lance en ſon armee preſente, c' a eſté a cauſe de l' incommodité du lieu & du païs, auquel il ſe trouue auec ſon ennemy: n' ayant la faueur d' vn païs ouuert & d' aultres commoditez (ſans la grande ſolde du lancier) requiſes. Choſe qui pour celuy qui á quelq; cognoiſſance de la milice, & du dit païs, n' á point beſoing de grande demonſtration. Dont auſſi, amy lecteur, pour ne t' entretenir trop longuement, paſſant oultre, je m' adreſſeray aux poincts requis.

Premierement il fault que le lacier ait le cheual de pris, hault, fort, bien a droict, bien aſſeuré & ferme en ſes iambes & cuiſſes, bien dreſſé, non retif, facile & legier a la bride.

La ſeelle bien propre & iuſte, ſans preſſer ou endommager: propre auſſi pour le chauaucheur pour s' y tenir ferme & aſſeuré contre la violence du chocq; faitte auec auantage, non a la lourde; comme il aduient ſouuent, que la ſeelle peſe aultant que l' homme qui eſt deſſus. A l' eſtriuiere droicte il y aurá vne petite boette attachée, d' enuiron vne paulme, pour y repoſer la lance, quand elle eſt erigee, comme tu voys Fig. 2. Num. 1.

Le lancier ſoit bon chauaucheur, tant pour bien manier, que pour bien dreſſer & picquer le cheual, ioint le ſoing requis & ſon entretien, & cognoiſſance du naturel & condicions de toutes ſortes des cheuaulx qui ſe preſenteront. Choſe de non peu d' importance. Les bottes & eſperons bien propres. L' eſpee conuenable; vne ſtocade trenchante, tant pour l' eſtoc, que pour le trenchant. Et voyci le premier & principal, quant a l' armature comme on voit Num. 2. Fig. 2.

Le ſecond, eſt la cuiraſſe entiere dont il doibt eſtre couuert des la teſte iuſques aux genoulx, pour le monis. comme Num. 3. Fig. 2. En voyci les parties. Le collier, l' haubergeois fin pour ſouſtenir le coup du muſquet, le prenant en double, de deux pieces ou ſimple, comme tu vouldras, le rendant aſſez fort; quant il ſera ainſi redoublé: & allors ſera de l' armature graue; & ſi le veulx auoir plus legier, en oſteras la redoublure & allors ſera de l' armature legiere. L' eſchine ou doſſiere. Les braſſieres auec leur eſpaulles propres & entieres, les gants, le caſquet aſſez fort tant contre l' eſtoc que contre la taille, les iambieres & taſchettes ſe-

A 3 lon

lon la proporcion de l' homme pour luy couurir les genoux
Num. 4. les garderreins & cuiſſieres faittes auec bonne diſcretion
& anantage Num. 5. Le tout bien aiuſté ſelon le corps de celui
qui en doibt eſtre armé. Car ceſt vn grand auantage d'auoir ſes
armes bien iuſtes & ſerrees de toutes parts, tant pour la bien
ſeance que pour la commodité d' en vſer dextrement au beſoing.

Eſtant monté a cheual, il aurá ſon eſpée bien attachee au
coſté ſur l' haubergeois, en ſorte qu'au trot elle ne ſautelle &
ne ſorte de ſon fourreau, ou y voulant mettre la main, en quoy
la lance rompue il fault qu'il ſoit bien prompt, elle ne ſe recul-
le en arriere. Num. 6. Fig. 1.

Appres il fault qu'il ſoit pourueu d' vne lance. Or quant
a la longueur, proportion, & legierté, les ordinaires ne ſont
du tout a reietter: mais pour ſouſtenir vn coup de guerre, tant
contre l' Infanterie que contre la Cauallerie elles ne ſont baſtan-
tes, ainſi qu'on en vſe es courſes de la bague, tournois, ou aultres ſemblables ieuz. Dont les fault auoir d' aultre façon: aſcauoir en forme & force d' vne picque d' Infanterie, eſtant par
le bas quelq; peu plus groſſe & forte, en longueur de 18. 20. ou
21. pieds, percée par le trauers, enuiron deux pieds du bout d'
embas, pour y paſſer vne petite ceinture de bon cuir, pour l'af-
fermer au bras droiƈt, tant pour la tenir plus aſſeureement en
la rencontre, que pour la pouuoir manier plus dextre & commodement. La poinƈte eſt triangle, trenchante ou vn peu plat-
te & aigué a deux coſtez: non point attachée auec deux lames
longues comme a la picque d'Infants, ains bien raſſiſe ſur le bout
de ſon bois: comme tu vois Num. 7. Fig. 1.

Oultre la lance il aura, ſi non deux pour le moins, vn bon
piſtol, touſiours preſt, tirant enuiron vne once de balle, bien
attaché auec la boette ou taſche des patrons, & la cleff ayant le
dragon monté, en ſon fourreau a l' arçon, pour en vſer es lieux
eſquels il ne ſe peult ſeruir de ſa lance: y eſtant contraint de s'
en defendre auſſi bien que le Coraſſier. comme on voit Num. 8.

Son effeƈt & exploiƈt eſt, de desfaire & diſſiper les ordres
ennemis, tant d' Infanterie que de Cauallerie, par ſa vehemence.
Ceſt pourquoy non ſeulement il doibt auoir vn fort & bon
cheual, mais auſſi doibt eſtre courageux & dextre pour excuter
　　　　　　　　　　　　　　　　　　　　　　　　　　ſes

ſes forces par armes. Choſe qui ſe fait par ces trois diuers mouuements de la lance.

I. Le premier ſe fait en preſentant la lance esleuee, d'embas
en hault.

II. Le ſecond, en preſentant la lance droicte, ou roide.

III. Le troiſieſme en la preſentant abaiſſee, ou de hault en bas.

Et de ces trois mouuements fault il qu'il ſoit bien expert
& aſſeuré.

Le premier ſe fait contre la Caualleric, quand de la poincte
de la lance on cerche la viſiere de l'ennemy, ou de ſon cheual,
comme on voit Num. 1 Fig. 3. Ou contre l'Infanterie picquiers
ou muſquettiers, luy preſentant la lance en face ou au col, comme Fig. 4. Num. 1.

Le ſecond ſe fait contre la Caualleric, quand la lance luy
eſt preſentee au milieu, pour le faire vuider la ſelle, ou bleſſer
le cheual au coſté. Num. 2. Fig. 3. Contre l'Infanterie, quand
de ſa poincte il va cueillier l'ennemy par le milieu, comme tu
vois Num. 2. Fig. 4.

Le troiſieſme eſt fait contre la Caualleric, quand il preſente la lance contre la poictrine du cheual ennemy, ſoit a dextre ou
a ſeneſtre Num. 3. Fig. 3. Contre l'Infanterie, quand la lance eſt
preſentee a l'ennemy, ou eſtant en genoulx, ou couché en terre,
comme on voit Num. 3. Fig. 4.

Ces trois diuerſitez des mouuements, tant contre la Cauallerie, que contre l'Infanterie requierent grande dexterité,
dont auſſi il y fault vn diligent exercice: qui fait en plantant vn
pieu en terre, ayant vn bras au coſté, auquel on attache vn blanc
ou de papier ou de toile, en telle haulteur qu'il conuient pour la
diuerſité des dits mouuements, eſſayant de l'enfiler en pleine
courſe ou carriere, comme on voyt Fig. 5. Num. 1. 2. 3.

De meſme ſe fault il auſſi exercer a leuer vn gand ou chap-
peau ou aultre telle choſe de la terre en pleine carriere, par la poincte de ſa lance: exercice qui luy viendra fort a poinct & a propos tant contre l'Infanterie, qu'en aultres occurrences, comme
on voit Num. 4. Fig. 5.

La lance ſe porte en deux manieres.

I. Esleuée & droicte: qu'on dit manifeſte, ou a decouuert.

II. Trainee, qu'on dit caché & ſecret, ou couuert.

La premiere, aſcauoir esleuée, ſe fait en la menant ou portant

tant droicte, en sa main dextre , & prompte au chocq, qui est là
manifeste , comme on voit Num. 5. Fig. 5.

La seconde se fait, quand il la prend par le millieu & la tient
ainsi abaissee, iusques a ce qu'en carriere il la veult presenter contre l'ennemy. Maniere bien propre & vtile es batailles , pour
tromper l'ennemy , le tenant suspens sans scauoir s' il à affaire a
lanciers ou corasses, iusques a ce, qu'a l' improuiste , il sent le
coup de la lance, dont aussi elle est dicte secrete & cachee , Voy
Num. 6. Fig. 5.

Quant a sa course contre l' ennemy , il la commence doul-
cement & au pas, puis entre en galop : finalement en iuste distance , qui est d' enuiron soixante pas , il donne la carriere au plus
fort, presentant la lance d' enhault, ayant passé la moytié de la
ditte distance, l' abaissant au chocq selon l' occasion que l'ennemy luy presente, comme on voit Num. 7. Fig. 5.

La lance est abaissee a dextre, ou a senestre.

A dextre, quand elle est abaissee ou presentée du costé droict
au long du cheual, qui entre les trois dessus dits mouuements est
le plus conuenable & asseuré. A senestre, quand trauersant la lance sur le col du cheual, elle est presentée joignant l' aureille gauche, comme on voit Num. 8. Fig. 5.

Se tenant en campagne contre la Cauallerie ennemie , il
aura bon esgard, que s' il voyt l' ennemy tout couuert d' armes,
qu'il ne l'attacque aux deux premiers mouuements dessus dits, ne
a lance esleuée, ne droicte ou roide; ains au troisiesme, ascauoir
a lance abaissee qui pour lors est le plus asseuré. Car ne pouuant
prendre l'homme tout armé, il fault cercher le cheual. Precepte
bien remarquable.

En voulant attacquer son ennemy, il tascherá de gaigner le
costé senestre, soit de l'homme, ou du cheual, pource que tant l'
homme que le cheual y est de plus facile prise, & le cheual principalement, y est plus facilement atterré.

Icy s'esmeut vne question sur les trois diuers mouuements
desus dits; ascauoir de quelle part ils se facent le mieulx & auec
plus grand effect? Sur laquelle je donne ceste responce toute re-
soluë : que le mouuement, quelconq; qu'il soit, du costé dextre
est preferé a celuy de la senestre. Et ce par les raisons suiuantes.
Ie concederay bien que la lance presentée du costé senestre ferá

vn

vn grand effort, estant serrée & affermie entre ton corps & le col du cheual, oultre la bienseance qu' on y peult remarquer.

Mais je t' ay dit, que tu doibs tousiours tascher de gaigner le costé senestre de ton ennemy. Dont abaissant la lance du costé droict, tu la luy presentes aux lieux vitaulx, cest a dire, au coeur, tant de l' homme que du cheual. Chose qui ne se peult nier: & au contraire, le coup donné au costé droict, n' est point mortel, & le cheual n' en est si facilement abattu. De sorte que l' aultre auquel en effect le coeur est cerché, est plus asseuré, comme tu voys Fig. 5. Num. 9.

En abaissant la lance du costé senestre, il la presente au costé droict de l' ennemy & du cheual : chose qui non seulement se fait auec plus grande difficulté, y attaquant l' ennemy au lieu auquel a plus de force, & s' oppose auec plus grande violence: mais qu' aussi est plus dangereuse pour toy, & asseure moins ton coup. Car presentant ainsi ta lance vers le costé senestre de ton ennemy, tu trouueras, que le col de son cheual, iceluy se tournant tant soit peu vers le dit costé senestre, t' empeschera en sorte que tu ne pourras atteindre le costé senestre d'iceluy, comme tu pretendois si tu ne tournes aussi ton cheual a droicte, tu ne le fais entrer, retenu par la bride a demy au dit costé, te mettant par ainsi de toutes parts en danger, tant de perdre ton coup, que ta vie mesme. Chose que tu ne craindras en abaissant ta lance a dextre. Car lors l' ennemy taschant par le mouuement de son cheual de detourner, le costé senestre qu'il te voyt cercher, tu auras plus de commodité pour iouer de ta lance & la tourner, que l'ennemy en son detour : n' y trouuant l' empeschement dessus dit, quand tu l' abaisserois du costé senestre. Il est bien vray, qu' en abaissant la lance du costé senestre, il y a plus belle apparence, & en est le coup plus rude, & en partie de plus grand effect: Car en courant contre ton ennemy, aussi lancier, qui te presente la sienne du costé dextre, & tu la tienne du senestre, tu y auras desia vn grand auantage, ascauoir qu' estants tous deux bien armez, & ne pouuant rien gaigner sur les corps tant de l' vne que de l' aultre part, chascun va trouuer le cheual contraire, qui est l' effect principal de la lance : & ainsi ton ennemy a lance dextre cerchant le costé senestre de la poictrine de ton cheual, tu pourras abaissant ta lance a senestre & trauersant la lance ennemye, la detourner de la ditte poictrine de ton cheual, & pas-

B   ser de

ser de la tienne la poictrine seneftre de celuy de ton aduersaire, cóme il appert Num. 1. Fig. 6. Mais il y fault gráde dexterité & habilité, y ayant du danger, sans trop d'asseurance. De sorte que je demeure encor sur mon aduis preferant la lance dextre a la seneftre.

Ioint que le regard mesme te monftre qu'en vne rencontre eftant les lances de touts deux coftez dextres, & cerchants les poictrines seneftres de cheuaulx, sans se soulceir de detourner les lances des coftez, lors deux les cheuaulx neceffairement ou feront atterrez, ou trefgriefuement bleffez, n'y ayant aulcun auantage de l'vn sur l'aultre : comme on voit, Num. 2. Fig. 6.

Dauantage n'eft ce l'vne des moindres raifons de ma refolucion, qu'abbaiffant ta láce a seneftre, il te fault courber tout ton corps deuers le dit cofté : dont ne seras trop asseuré en ta selle, & l'ennemy s'en appercebuant, combien facilement pénfes tu, te la fairoit il vuider, mefme sans grande force ? Car te prefentant sa lance au cofté dextre, certes tu te trouuerois en grand danger, de quitter, comme il eft dit, ta selle. Voy Fig. 6. Num. 3. Et voyci mon aduis sur la lance dextre ou seneftre ; remettant toutesfois a ta difcrecion.

Ayant fait fon exploict & effect par la lance, de sorte qu'il ne s'en puiffe plus feruir, il s'aydera de fon piftol, en l'vfage duquel il fault auffi qu'il foit bien exercé & adroict.

Il s'exercera donc de tirer a quelq; blanc, ou coy, ou au pas, ou au galop, ou en pleine carriere : attachant vn papier a vn pieu felon les trois diuers mouuements qu'auons deffus dits de la lance, afcauoir en hault, droict ou au milieu, ou en bas. Comme on voit Num. 1. 2. 3. Fig. 7.

Il vfe auffi du piftol pour fa defence, s'en faifant place quand fon cheual luy abbattu, ou luy default, iufques a ce qu'il puiffe remonter, comme Num. 4. Fig. 7.

En l'vfage du piftol, n'en pouuant endommager l'homme, il en cerchera la poictrine seneftre du cheual, des le col d'iceluy, en sorte qu'en bieis le coup en defcende deuers le coeur : maniere la plus propre & asseurée pour en priuer l'ennemy. Cóbien que le pouuant prendre par la tefte, il feroit plus toft abbatu, car la balle paffant par le cerueau, il tombe incontinent. Mais il t'y fault eftre fort asseuré : aultrement il vault mieulx t'en deporter, & prefenter pluftoft le piftol sur la gorge du cheual au cofté seneftre, comme tu vois Fig. 7. Num. 5.

Mais

Mais ayant affaire a vn ennemy, qui n'est couuert des armes
fines, tu luy presenteras le pistol sur la poictrine vers le cœur ou sur
l'espaulle, la teste, le col, ou aultre lieu que tu trouueras le plus
commode & auantageux. Voy Num. 6. 7. Fig. 7.

Ta derniere defence se fait auec l'espée, de la quelle tu te
seruiras a dextre, ou a senestre, selon que l'occasion se presentera.

Et n'en pouuant interesser l'homme, tu en cercheras la poictrine gauche ou le col du cheual, comme Num. 1. Fig. 8. ainsi
qu'auons dit de la lance. Prennant garde de donner l'estoc assez
profond sur le cheual, pour le faire tomber tant plus tost. Et
aduise de faire tes coups a bras courbé, tant pour la bien seance
que pour l'asseurance d'iceulx, tant contre l'homme que contre
son cheual. Voy Num. 4. Fig. 8.

Pour t'asseurer & exercer, tu feras trois marques en vn pieu
ou arbre, contre lequelles tu t'exerceras en la maniere dessus ditte du pistol, ou ferme, ou au pas, ou galop ou en carriere, te seruant d'vne vielle espee d'escrimeurs, ou aultre qui ne soit trop
bonne, pour estre asseuré en l'occurrence, soit contre Cauallerie
ou Infanterie. Voy Num. 1. 3. 4. 5. 6. 7. Fig. 8.

Pour rencontrer ton ennemy sois auisé de ne prendre la carriere trop
longue, pource que tant plus courte tu la prendras, tant plus grande en sera la violence: Et si tu la prens trop longue, le cheual non seulement sera
las & amatty deuant de venir a son bout, mais le coup sera aussi sans aulcun
effect. Et voyci briefuement les instructions particulieres pour la lance. Venons a la Corasse.

Mais deuant d'en entrer en matiere: il me souuient d'vn discours du Seig:
George Basta au liure 4. chap. 7. du gouuernement de la Cauallerie legiere,
de ces deux especes de Cauallerie, ascauoir de la corasse & de la lance, & de la
preeminence de l'vne sur l'aultre, preferant les corasses aux lances: sur lequel il allegue quelques arguments ou fondements, mais non pas trop bien
fondez, comme je demonstreray alleguant, pour ceulx qui n'en ont cognoissance, ses propres termes, pour en monstrer puis appres l'imbecillité.

Il dit donc: L'Introduction des corasses en la France, auec
vn total bannissement des lances, a donné occasion de discourir,
quelle armure seroit la meilleure. Et en estant tout au commencement requis, comme viel soldat & bien experimenté en toutes
especes de Cauallerie, & ayant bonne cognoissance des effects d'
icelles, d'en donner son aduis, & ne trouuant hors de propos d'
en faire mention au dit lieu, comme appartenant aussi a la Cauallerie legiere, & tiré en doubte de plusieurs, il se resoult en la
maniere suiuante.

B 2   C'est

C'eſt vne choſe bien claire, que la victoire n'eſt pas touſiours chez celuy, qui deuance ſon ennemy de force, ou l'eſgalle en valeur & fortune: ains plus ſouuent eſt obtenuë de celuy qui a bons ſoldats, bien diſciplinez & bien conduits.

Et voyt on par experience, que toutes ſortes d'armes, ne ſont pas propres pour toutes ſortes d'exploicts, comme auſſi on n'en peult touſiours proceder d'vn meſme ordre. Choſe qu'on voyt bien clairement en la lance.

Car eſtant miſe en œuure proprement, elle eſt ſi puiſſante & neceſſaire, que l'ouuerture & deſordre d'vn eſquadron ennemy, pour en obtenir la victoire: mais mal appliquée & gouuernée, reuſſit du tout inutile.

La lance donc pour eſtre vtile & d'effect pour percer vn eſquadron requiert quatre choſes.

La premiere, que le cheual ſoit tresbon, d'aultant qu'il fault attaquer & inueſtir l'ennemy, auec grand randon & violence.

La ſeconde, que la campagne ſoit propre pour la carriere, aſcauoir dure & plaine.

La troiſieſme que le ſoldat ſoit tresbien exercé au maniement de la lance ; choſe qui n'eſt du meſtier d'vn chaſcun.

La quattrieſme, qu'elle ſoit repartie en petits, & non pas gros eſquadrons tant pource que comme on voyt, ſeulement les deux premieres files viennent a ioindre l'ennemy, & ce, peu vnies, a cauſe de la diuerſité des carrieres: que d'aultāt que ceulx qui les ſuiuēt par la meſme raiſons empeſchans l'vn l'aultre, ſeroint contraints, pour faire quelq; choſe, de ſe mettre ſur le trot, & mal vnis, ſe ietter de l'vn ou de l'aultre coſté, pour prendre leur carriere. Dont il leur fauldroit abandonner les lances, n'en pouuant endommager l'ennemy.

De ſorte que tant plus grand que ſera l'eſquadron, tant en ſerá auſſi plus grande la confuſion & le deſordre: les plus tardifs eſtants delaiſſez de ceulx qui ſont mieulx montez, qui touſiours veulent penetrer plus auant; or eſt impoſſible de ſe pouuoir remettre & reunir pour prendre nouueau party.

Et peu appres: Et pour ſe bien ſeruir des lances, il fault qu'elles ſoyent reparties en eſquadronceaux de 25. a 30. cheuaulx, ſerrez comme en vn nœud, afin que les premiers faiſans le coup, les ſeconds ſuſtentez de ceulx qui les ſuiuent facent comme double effect, & plus grand que feroint les deux ſimples files diſtraittes de
l'aide

l'aide & soustien de celles de derriere. Il dit aussi, que les lances reparties en petites trouppes, passent parmy les ennemis en telle cō-
fusion & desordre, qu'il est impossible de se reunir a temps pour
faire l' impression de cuirasses.

Ie me tais, dit il, du desauantage qu' elles auroint se mettant
en corps gros, armez ainsi a legiere, & bien a cheual, a l' espreuue
des cuirasses, qui sont vne armure pesante, & en cheuaulx de moindre prix &c.

Voyla doncques, dit il, pourquoy la lance n' est bonne pour
tout lieu, ne en gros esquadrons : & toutes sortes des gens & cheuaulx n' y sont propres. Dont reussit la difficulté d' en faire leuée.

Voyci les raisons du Seig : Basta quant a la lance. Ausquelles il
oppose la description de la cuirasse & ses qualitez, & mōstre quelle sorte d' armes est a preferer a l' aultre, disant :

D' aultre part, c' est le propre de la cuirasse, de se tenir vnie en
vn gros esquadron, & comme en corps solide. Et tant plus gros &
vni qu'il sera, tant plus grande aussi en sera la force & effect. Dont
pour ne se relascher ou desunir, elle attacque au trot, n' vsant de
galop, sinon quand il fault charger l' ennemy mis en fuitte.

De quoy elle tire plusieurs commoditez. La premiere, qu' elle
peult supporter le terrein mol, & mal vni, es lieux incommodes.

Et puis les cheuaulx se mouuent au trot, esguallement, &
pour mediocres qui ils sont (comme ordinairement sont les cheuaulx de Flandre trop pesans pour la lance,) on s' en peult seruir.

Aussi tout homme armé a la maniere de la cuirasse, se peult
habiliter a ceste armature, auec bien peu d' exercice. Dont procede la facilité d' en faire grande leuée : Et finallement, chascun en
son endroit, encor qu'il soit a milieu, & ne combatte, à toutesfois
son effect, au pois & au choc, se mouuent vni auec les aultres.

En appres, quant aux armes, si on considere les defensiues :
Elles sont impenetrables a la lance ; combien que des temps passez, on dit, qu' elles n' en estoint trop seures : peult estre, que le
fer y estoit plus fin & aygu. Dont il fault tascher de blesser le cheual, qui aussi en vne ordonnance si drüe, ne monstrant que le
front, n' est si facilement attaint.

Ioint qu' on trouue qu' es cuirasses, toutes les files, des la premiere iusques a la derniere, retiennent leur vsage & effect.

Sur quoy il conclud de la qualité, auantage & commoditez

de

de ces armatures, que la lance est inferieure a la cuirasse, non seulement de credit & reputacion, mais aussi de force & effect.

Et fault qu'elles leur cedent, de seules a seules, & quand, aussi bien que les cuirasses, elles seroint contraintes de se tenir en gros esquadrons. Et cependant, que les lances ayent patience, de ceder a l'inuention des cuirasses. Veu que combien que du temps passé elles ont obtenu quelques victoires, ç' a esté en combattant contre aultres lances.

La ou maintenant au fait des armes, auquel on se fournit des corps gros & puissants, si elles vouloint attaquer les cuirasses, elles y auroint du pire.

Iusques icy sont les mesmes termes du Seig. George Basta.

Mais je ne me peulx assez esmerueiller de ceste conclusion, que ledit Seig:en fait, luy pouuant monstrer le contraire, mesme en son propre discours. Et de fait ses propres mots & exemples, qu'il met en auant, y contredisent, comme je le feray paroistre euidemment.

Il dit que la cuirasse a acquis reputacion par dessus la lance: & que c'est meilleure armature, & plus necessaire que la lance: cependant, qu'on pese bien les exemples qu'il allegue, on les trouuera tout contraires. Dont on s'apperçoit que ce Cheuallier, ayant prattiqué enuiron 40. années la Cauallerie, auec grande diligence, n'a encor rien ou bien entendu des fondements d'icelle. De quoy non sans raison je me dis estre esmerue illé, ne sachant a quel propos tend ce dit discours. Car de penser qu'il n'auroit entendu ceste partie de la Cauallerie, me semble que ce seroit faire vn affront a tel personnage, (qu'ayant si long temps hanté la Cauallerie, & s'y estant auancé iusques a en faire profession, ne debuoit ignorer ou mettre a nonchailloir mesme le moindre poinct.)

De me persuader, que ce fut quelq; affection ou partialité, & que plus enclin a l'vne qu'a l'aultre partie, je ne l'oseray faire d'vn si noble sage, prudent & experimenté cheualier.

De sorte que je ne scay de quel party me resouldre. Toutesfois quittant tout respect pour la verité, je diray rondement ce que j'en sens.

Et poursuiuant ma proposicion, je dis icy tout le contraire, de ce que le Seig: Basta pretend, que la lance estant en son origine reputee la plus necessaire, forte, noble, gentile, & vtile partie de la Cauallerie; l'est encor pour l'heure presente: laquelle affirmation, pour n'aller trop loing j'esprouueray par les propres termes du dit Basta.

Il dit en la description de la qualité, vsage, propriete & effects de la lance, que La lance estant mise en œuure proprement, est si puissante & necessaire, que l'ouuerture & desordre d'vn esquadron ennemy, pour en obtenir la victoire.

Or est ce vne chose asseurée entre tous, que deux armées contraires se tenant en vne campagne en baille, prestes s'enuestir, chascune partie pretend d'obtenir la victoire sur son ennemy a toute force.

Et

obtenir la ditte victoire, il n'y meilleur expédient necessaire & asseuré moyen
que de rompre, dissiper & enfoncer les rangs & esquadrons de l'aduersaire.

Car sans cecy l'ennemy ne peult estre surmonté : mais ses trouppes,
esquadrons & rangs de bataille estant ouuerts, rompus & dissipez, tu en as
la victoire certaine, & n'est besoing de le declairer plus amplement. Et chascun
sçait, que toute l'art, industrie, inuention, peine, labeur & dåguer militaire tend a ce seul bout, de rompre & enfoncer toutes les forces de l'ennemy. Or pour cecy voy la conclusion du Seig : Basta : Qu' aultant
que l'ouuerture & desordre d'vn esquadron de l'ennemy est necessaire pour obtenir la victoire : aultant aussi en l'armature de la
Cauallerie, la lance est necessaire.

Il à comme bon soldat & bien expert, veu souuent, quel est l'effect de la
lance, combien elle a esté instrument vtile, noble & necessaire en semblables occurrences.

Comment donc ne s'en esmerueilleroit on, que mettant expresse-
ment en front, ce qu'il dit de la necessité & vtilité la lance, comme sans laquelle bien difficilement on viendroit au bout de ceste entreprise, il finit en
telle conclusion, qu' apres l'inuention des cuirasses, la lance soit
totalement abolie, & la preeminence donnee a la cuirasse : & que
la lance en ayt la patience ?

Ie suis bien esbahy de ceste sorte de conclure, comme si on disoit, ie
demonstreray que l'eaue claire soit la chose la plus blance en terre, voyre
plus blanche que la neige ; esprouuant son dire en la maniere suiuante : La
neige est la chose plus blance, Ergo, La neige est pacience de ce que l'eau
luy est preferée. Ie ne vi onques conclusion semblable, ne en Aristote, ni
en Rame, & fault que ce soit vne nouuelle sorte de demonstracion, & quant
au Seig : Basta, il semble que comme il reiette l'antique armature pour luy
preferer la nouuelle, ainsi reiette il aussi la vieille modelle des syllogismes pour y substituer vne nouuelle, & iusques a present incognue.

Toutesfois, afin que nous passions plus oultre en sa description de la
qualité, proprieté & effect de la lance : il dit, que Pour estre vtile & d'effect, pour perçer vn esquadron elle requiert quatre choses : Premierement, que le cheual soit tresbon, d'aultant qu'il fault attaquer & inuestir l'ennemy auec grand randon & violence. C'est
bien dit : car la lance estant la plus necessaire, meilleure & plus noble partie de l'armature caualleresque : il luy fault aussi le meilleur cheual tant en
legierté qu' en force & aultres choses qui le font de pris. Et n' estant tel,
quel effort pourroit il faire ou soustenir aux aproches & au chocq ? Et de fait,
l'agilité n'est suffisante pour enfoncer les esquadrons opposez, ne aussi la
violence de la carriere, mais la force laquelle il communiq; auec son maistre, est celle qui fait le principal, & rompt & dissipe les rangs ou ordres cô-
traires. Comme pour exemple : Dechargant vn canon contre vne trouppe,
& en abbattant plusieurs d'icelle, a qui attribuera on la plus part de l'effect ?
a la poudre ou a la balle ? Certes la pouldre est bien violente, mais qui sans la
balle

balle ne ferá rien: mais conioignant la force de la pouldre auec cellę de la balle, tu auras ceſt effect admirable & horrible de rompre en vn inſtant vn eſquadron entier.

Pour le ſecond dit il, qu'il fault campagne ſoit propre pour la carriere, aſcauoir dure & plaine.

Me ſemble vne choſe eſträge, de ce qu'il dit, que la lance pour paruenir a ſon effect demande comme choſe neceſſaire, vne campagne dure & vnie, pour la catriere de ſon cheual, la raiſon, ſans ſon aduertiſſement eſtant ſuffi- fante de monſtrer qu' en vn mareſquage, ou lieu montaigneux & aultre- ment mal propre, on ne pourra grandement ſe ſeruir de tous cheuaulx tant peſants que legiets: Et croyez moy (Mons. Baſta) que la cuiraſſe a cauſe de la grandeur & peſanteur, tant du cheual, comme tu dis non trop agile & bien dreſſé, que de armes, requiert auſſi bien, voyre plus la campagne fer- me & pleine que la lance. Car tu mets la lance entre l'armature & Caual- lerie legiere. Or ſcait on qu' vn cheual legier paſſe mieulx par les lieux in- commodes & inegaulx, qu' vn cheual armé ou chargé de grande peſante- ur, comme eſt la cuiraſſe: & croyez aſſeurèement, que la ou on ne ſe pourra ſeruir, a cauſe des inconueniens deſſus dits de la lance armée a ſa façon & a la legiere, come vous faittes, la cuiraſſe beaucop moins y inueſtirá ſon ennemy au trot, & ferá la pourſuitte au galop. Ioint que la lance fait auſſi & tell e ne- ceſſité ſon office au galop.

Dauantage, la raiſon monſtre aſſez, que la ou les cheuaulx legiers, agiles & bien dreſſez & exercez a cauſe de l' incommodité du terrein, ne peuuent eſtre mis en œuure, les peſants, lourds & mal dreſſez, n' y pour- ront eſtre d'aulcun ſeruice: Et ne pouuant inueſtir ton ennemy logé en vn mareſquage, ou lieu montaigneux, par le moyen de la lance, tu le pourras moins endommager de ta cuiraſſe. A raiſon, que ſi ton ennemy eſt auſſi bien pourueu de Cauallerie, & aultant ou plus fort que toy en campagne, il te preſentera la bataille de ſa Cauallerie, non point en terrein mol ou mareſquageux, s'il n' eſt contraint de ce faire, & alors elle t' eſt auſſi peu dommageable a toy, qu' a luy profitable. De ſorte que ce ſecond poinct requis pour la lance, n' amoindrit la reputacion d' icelle, pour la donner a la cuiraſſe, d' vn ſeul poil, ains l' augmente pluſtoſt. Ce que ie pourro- is deduire & demonſtrer plus au clair: mais laiſſons ces diſputes pout vne aultre foix, & paſſons a la troiſieſme choſe requiſe pour la lance, dont le Seig: Baſta conclud pour la preeminence de la cuiraſſe.

La troiſieſme, dit il, que le ſoldat ſoit treſbien exercé au maniement de la lance: choſe qui n'eſt du meſtier d' vn chaſcun. De l' efficace de ce poinct & argument, pour donner l'honneur a la lance entre toutes aultres armatures & diſciplines ou exercices militaires, pour en parler ſelon la nobleſſe de la matiere, il y fauldroit quaſi vn volume entier: mais m' eſtant obligé a briefueté, i' en parleray le plus ſuccinctement qu'il mē ſera poſſible. Il dit donc que La lance requiert vn homme bien ex- ercé: & au contraire, peu d' exercice pour la corraſſe, ſi ſeule- ment armé a la coraſſe il s' y peult habiliter, concluant la deſ- ſus: dont procede la facilité d' en faire grande leuee, la ou la leuee des lanciers eſt aſſez difficile.

C'eſt

C' eſt aultant comme s' il vouloit dire: on trouue beaucoup plus des lourdeaux, qui peuuent monter à cheual, que des bons & bien exercez cheualiers: Ergo, il fault preferer les lourdeaux aux preux cheualiers.

Ie ne ſcay, ſi je me monſtrois auec telle parade d' arguments pour maintenir l' honneur de la corraſſe par deſſus la lance, on me feroit tort de
demander ſi j' auoy la ceruelle entiere, ou ſi j' auoy ouy ſonner quelque
choſe de la milice & art militaire, mais ne ſachant en quel village je prennoy
par ignorance l' vn pour l' aultre, ou tout à rebours.

Celuy qui n' eſt du tout priué du ſens commun, voyre le plus gros lo-
urdeau entend bien, que l' art ou ſcience qui ne s' acquiert ſans eſtude &
exercice, eſt à preferer à celle qui n' en à que faire. Et de fait voyons le commun: nous trouuetons qu' vn cordonnier, taillieur & aultres ſembles artiſans, s' eſtiment meilleurs que ce ruſtaults, qui ne ſeruent que pour battre
le fruiment, & ce d' aultant qu' il luy fault plus de temps & induſtrie pour
apprendre & ſe perfectionner en ſon art. L' Orfebure & joyillier s' eſtime
plus que les aultres artiſans, & ce à bon droict, d' aultant que ſa ſcience eſt
plus gentile, & non ſi commune comme des aultres. Si on vſoit des ſemblables propos & fut ce meſme en vn village, vn tel meriteroit que luy donnant vne dragée d' hellebore, on luy repurgeoit quelq; peu la ceruelle.

Voyre mais Monſ. Baſta. Eſt il vray que la lance, comme la plus noble,
excellente, & neceſſaire armature, requiert auſſi l' eſprit noble & heroïque, qui n' eſt du gibbier du commun, ne de ces lourdeaux que tu demandes pour ta cuiraſſe: comme de fait tu trouueras, comme tu dis bien l' occaſion de leuer 1000 de tes corraſſes, moyennant qu' ils ſoyent robuſtes, pour en porter le faix, mais entre toute telle multitude n' y aura à gran peine
vn qui te puiſſe ſeruir de lance. Et me ſemble que tu ayes ſongé ſur ce
Schwab, qui ſe faiſoit fort de porter douze picques, ſans pouuoir toutesfois
mettre en œuure vne ſeule.

Pour le quattrieſme dit il, il fault qu' elle ſoit repartie en
petis, & non pas en gros eſquadrons, tant pource que comme
on voyt, ſeulement les deux premieres files viennent à ioindre l'
ennemy, & ce peu vnies à cauſe de la diuerſité des carrietes; que
d' aultant que ceulx qui les ſuiuent, par la meſme raiſon s' empeſchans l' vn l' aultre, ſeroint contraints pour faire quelq; choſe,
de ſe mettre ſur le trot, & mal vnis, ſe ietter de l' vn ou de l' aultre
coſté pour prendre leur carriere; dont il ſauldroit abandonner
leurs lances, n' en pouuant endommager leur ennemy: De ſorte
que tant plus grand que ſerá l' eſquadron, tant en ſera auſſi plus
grande la confuſion & deſordre: les plus tardifs eſtants delaiſſez
de ceulx qui ſont mieulx montez, qui touſiours vueillent penetrer plus auant: & eſt impoſſible de ſe pouuoir remettre & reünir
pour reprendre nouueau party.

Cecy doibt eſtre vn argument pour l' auancement de la cuiraſſe par
deſſus la lance, mais luy eſt ſi pareil qu' vne vache à vn canardt. Il enſeigne

C   en quelen quelle maniere le lancier ordonnera ses esquadrons, non pas en grosses trouppes, ne aussi en 4. 5. 6. 10. ou 30. files, veu qu' a peine la secode peult bien ioindre l' ennemy, comme il dit luy mesme l' auoir veu & experimenté.

Or es tu icy sur le droict chemin de la noble art militaire, cachée iusques a maintenant. Si tu l' eusses poursuiuy, y recerchant quelq peu plus curieusement & la prattiqué & la theorie auec ses fondements: Ie n' auroy aulcune doubte que (Dieu t' ayant doüe de longue vie, occasion de plusieurs experiences) tu fusses reussi en vn des plus nobles gentils, preux & perfectionnez cheualiers, qui dés le temps dés Romains iusques au iour d' huy se seroint trouuez.

Tu as veu & experimenté qu' a peine la seconde file des lances peult ioindre l' ennemy: mais pourquoy n' as tu cerché le moyen, d' auancer ce qui y seroit encor requis, & obuier ou retrancher touts les empeschements? Tu as voyrement remarqué les defauts de la Cauallerie: mais n' en as cerché les remedes. Tu as obserué que deux files auec difficulté peuuent paruenir au bout de leur effect contre l' ennemy, & ordonnes toy mesme les esquadrons ou trouppes de 6. 8. ou 10. files.

Regardez vous nobles lanciers: Il vous fault auoir pacience, & donner l' auantage & honneur de preeminence a l' inuencion des corrasses, iusques a ce que trouuiez Aduocat qui vous defende & face rendre vostre honneur.

Et cecy quant aux arguments du Seig: Basta pour les corasses, sur la qualitez, proprietez & effects de la lance.

Venons aussi a ce qu'il met en auant a mesme intention, sur les proprietez de la dicte corrasse, & voyons combien selon l' opinion Bastiane l' inuencion est gentile.

D' aultre part, dit il, c' est le propre de la corrasse, de se tenir vnie en vn gros esquadron, & comme vn corps solide: & tant plus gros & vni qu'il sera, tant plus grande aussi en sera la force & effect. Dont pour ne se relacher ou desunir, elle attaque au trott, n' vsant de galop, sinon quand il fault charger l' ennemy mis en fuitte.

Il s' eslargit icy aux louanges de la cotrasse, sans dire vn seul mot de ses prouesses ou de grans effects qui en pourroint estre produicts: sans monstrer qu' elle soyt necessaire, voy plus que la lance: ou prouuer qu' en bataille en s' vn pourroit mieulx seruir, que de la lance: & de fait il donne tous ces honneurs a la lance, disant: La lance est aussi puissante & necessaire pour la victoyre, que l' ouuerture & desordre des esquadrons des ennemis. Et quant de la corrasse il n' en monstre aulcune telle necessité ou puissance. De sorte qu' en tout cecy ie ne voy aulcune raison de preeminence que la corrasse en peult auoir.

Mais espluchons quelq peu les parolles susdittes, parangonant les proprietez & qualitez de chascune, pour veoyr selon les mesmes sentiments de Basta, pour quelle c' est qu' on doibt iuger.

La

La lance ayant le cheual de pris, legier, fort, & bien dreſſé ſe peult en tous angles & endroits de la bataille, reduitte ſubitement en petis eſquadrons mouuoir auec grand auantage.

La corraſſe ſerrée en vn corps gros & ſolide, ne peult ni faire ni endurer vn mouuement ſubit, ains doibt faire ſes exploicts au trot, ou au galop.

La lance, dit il, peult d' vne ſubite force & violente impreſſion percer & enfoncer les eſquadrons contraires, les pourſuiure & trauailler en ſorte qu'ils ne ſe puiſſent r' aſſembler & reprendre leurs ordres.

Mais la corraſſe ne peult d' vne telle violence & ſi ſubitement inueſtir & enfoncer, beaucoup moins pourſuiure l'ennemy en telle ſorte qu'il ne ſe puiſſe remettre ſus, & ſe remettre en bataille.

Ie te prie, amy lacteur, auquel je m'en rapporte, conſidere attentiuement & auec bon iugement, & donne la ſentence, quelle ſorte a raiſon des qualitez & proprietez & effects eſt a preferer a l'aultre.

Baſta pourſuit ſes demonſtracions, en prennant auſſi aulcunes des cōmoditez & auantages, que la corraſſe a deuant la lance: & dit, La corraſſe peult ſupporter le terrein mol & mal vni es lieux incommodes. Mais je te' ay aſſez monſtré deſſus en la deduicte du ſecond poinct des proprietez des deux ſortes de ces armatures, que la corraſſe ſe trouuera auſſi mal & pis en ſemblables incommoditez des lieux requerant auſſi bien que la lance la campagne dure & vnie.

En oultre dit il: Et puis tous les cheuaulx ſe mouuent au trot eſguallement, & pour quelques mediocres qu'ils ſoyent, (comme ordinairement ſont les cheuaulx de Flandre, trop peſants pour la lance) on s'en peult ſeruir. Il veult demonſtrer, que tous les cheuaulx d' vne trouppe de corraſſes ont vn trot commun, & que l' vn ne s'y mouue plus legierement que l' aultre. Dont auſſi ils peuuent eſtre conſeruez & ſerrez en bon ordre. Mais la lance, comme il penſe attaquant l' ennemy en pleine carriere, l' vn cheual eſtant plus legier & agile que l' aultre, de ſorte que les trouppes n' en demeurent ſi ſerrees: donne grād auantage d'honneur a la ditte corraſſe.

Mais comme il eſt treſueritable qu' entre les lances vn cheual eſt plus legier en carriere que l' aultre, de ſorte que les eſquadrons en ſont mal ſerrez ; auſſi certain eſt il, & m'aſſeure que perſonne le niera, que auſſi entre les corraſſes vn cheual eſt plus auancé au trot que l' aultre, voyre qu'il y a tel cheual qui au pas deuance le trot de pluſieurs: de ſorte que l' vn ſera auſſi peu ſerré que l' aultre. Quel eſt icy Baſta, je te prie, ton jugement? quelle eſt ta ſentence?

La lance fait ſes effects en petis eſquadrons, & non plus, au plus hault, que de deux files, non ſerrees, ains qu'il y ait place competente entre deux. Et ſi il aduient que quelque cheual treſbuche ou tombe a terre, il ne donne aulcun empeſchement au ſuiuant, ains ſe recueillant facilement il peult retourner a ſon eſquadron & ſe remettre en ſa place.

Mais la corraſſe ſe trouuant drüe & ſerrée en vn gros eſquadron, s' il y a quelque cheual de la ſeconde file du front tombé ou abbattu : encor qu'il ne ſoit bleſſé, ſi ne ſe peult il redreſſer, ainſi fault qu'il y demeure

C 2   auec

auec empeſchement des ſuiuants quis'y aheurtent & ſouuentesfois tom-
bent ſur luy : ſe trouuant ainſi en plus granddangeur de ſes campagnons;
qui le ſuiuent, que de l'ennemy. Et de fait s'il y en a vn es files de deuant,
ou du milieu abbattu, les ſuiuants ne pouuants decliner ne a dextre ne a
ſeneſtre, ains poulſez des aultres files qui auſſi les ſuiuent ſur le premier
tombè. Et par ce moyen que maint homme & cheual, ſans recebuoir
aulcun coup de l'ennemy eſt oppreſſé & priué de ſa vie, & tous les aultres
empeſchez de ſorte l'eſquadron eſt en plus grand danger d'eſtre rompu
& confus de ſoy meſme que de quelꝗ impreſſion que l'ennemy y pourroit faire.Choſe qui ſans doubte a eſte veüe du Seig: Baſta plus de mille
foix: & quant a moy j'en pourrois taccompter pluſieurs exemples veus de
mes yeulx. Dont je m'aſſeure que la lance a grand auantage & prorogati-
ue deuant la corraſſe, en ſemble occaſion.

Il dit dauantage, que tout homme armé a la maniere de la
corraſſe ſe peult habiliter a ceſte armature, auec quelꝗ peu d'
exercice: dont procede la facilité d'en faire grande leuee. Mais
quelle preeminence la corraſſe en recoibue, a eſté dit deſſus.

Il dit que chaſcun en ſon endroiĉt, encor qu'il ſoit au milieu & ne combatte, á toutesfois ſon effeĉt au pois & au choc, ſe
mouuant vni les aultres.

Mais je ne voy icy aulcune prerogatiue d'honneur que la corraſſe en
ait deuant la lance: eſtant de meſme es eſquadrons des lanciers, auquels
celuy du milieu & le dernier font auſſi bien leurs effeĉts que les premiers.

Voyre tous les eſquadrons de la milice tant de l'Infanterie que de
la Cauallerie, doibt eſtre, ſi on en attend quelꝗ profit, tellement ordonnez, que celuy du milieu & de la queue joüe auſſi bien de ſes armes & offenſiues & defenſiues, que celuy qui eſt au front. De quoy, Dieu aidant,
ſerá diſcourru plus amplement au troiſieſme liure. En ſomme la corraſſe
n'en a le moindre auantage deuant la lance: voyre de ces meſmes fondeméts
j'eſprouueray que la lance en eſt beaucop auantagée.

Le corraſſier qui eſt rangé au milieu de ce gros & peſant eſquadron y
eſt tellement enſerré, qu'il ne peult auoir aultre mouuement ne a dextre
ne a ſeneſtre, ni en arriere, ſinon droiĉt en auant, & ceſtuyci meſme produit ſon effeĉt en vne lourde peſanteur : ne ſe pouuant employer en aulcune offenſiue; ſinon de retenir ou ſouſtenir & ſe fourrer la ou il eſt con-
duiĉt par le front, contraint de ſuiure encor que & l'homme & le cheual eü
deburoit patir ou demeurer engagé.

Le lancier au contraire tant de front que de queüe peult faire ſes re-
traiĉtes, a dextre & a ſeneſtre, & ſe reculer comme & quand il veult; propre
auſſi bien a l'attaque qu'a la pourſuitte. Choſe impoſſible au lancier, comme tu verras es parties ſuiuantes. De ſorte qu'en l'accompliſſement de ſes
deſſeins le lancier eſt bien plus auantagé que le corraſſier.

Il paſſe auant, & dit : Quant aux armes ſi on regarde les
defenſiues, elles ſont impenetrables de la lance, combien que
des temps paſſez on dit, qu'elles n'en eſtoint trop ſeures: peult
                                                                    eſtre

eftre que le fer eftoit plus fin & aygu; dont il fault tafcher de bleffer le cheual, qui auffi en vne ordonnance, fi drüe ne monftrant
que le front, n' eft fi facilement attaint.

Cecy debuoit eftre vne demonftracion prife des armes, & que la corraffe n' en pouuoit eftre intereffee de la lance : fans toutesfois aulcune
prerogatiue de la corraffe, le lancier ayant auffi bon ou meilleur cheual, que le corraffier. Il dit que la corraffe ne peult eftre endommagee ou
bleffee de la lance, encor qu' on dit qu' anciennement elle n' en eftoit
trop affeuree : & cependant ne monftre aulcun auantage de la corraffe pour
pouuoir bleffer la lance : Demeurant ainfi fufpens & en doubte; voyre fa
confcience luy tefmoigne le contraire, comme on entend de ce qu' il dit
aillieurs qu' anciennement il y auoit peu de refiftence en la corraffe contre
la lance. I' en demonftreray auffi le contraire par fes propres termes.

Il fait vne comparaifon de ces deux armatures & dit : que la corraffe
á grand auantage, & eftant mieulx armee que la lance, ne peult eftre en-
dommagé ou bleffé d' icelle. Mais c' eft vne comparaifon trop froide, pour donner quelque chaleur a la corraffe : la lance fe trouuant & mieulx ar-
armée, & d' armes plus neceffaires, propres & vtiles : comme ie le vay de-
monftrer en peu des parolles.

La corraffe s' arme plus a la defenfiue, comme auffi elle y eft plus
propre, & c' eft la qu' elle fait la plus grande part de fon office, qu' a l' offenfiue. Mais la lance & fes armes font propres auffi bien pour l' vn que pour
l' aultre. Car fa lance eft toute offenfiue pour percer & diffoludre vn efquadron contraire tant de Caualleriequed' Infanterie : fon harnois eft defenfif
& auffi bon s' il veult que celuy de la corraffe.

De forte que s' il eft queftion de l' armature de l' vne & de l' autre, ie
n' ay doubte aulcune, que celuy qui en á tant foit peu d' intelligence, en
attribuera l' auantage a la lance, & non a la corraffe, comme Bafta pretend.
Car quand a l' offenfiue, il eft tout certain que la lance y precede la corraffe. Et de fait le lancier attaquant vn corraffier, en peult facilement v-
uider la felle, s' il ne le perce du tout : & ne trouuant rien fur l' homme, il
luy peult fans aulcun empefchement bleffer le cheual, chofe que le corraffier ne luy ferá iamais, & ne peult l' endommager ne en fa perfonne, ne au
cheual.

Ioint que le lancier de fes piftols peult paruenir tant a l' offenfiue qu' a
la defenfiue aux mefmes effects du corraffier.

De forte, dis-ie pour la feconde fois, que de cefte comparaifon des
armes de ces deux fortes d' armature l' honneur en reuient, non a la coraf-
fe, mais a la lance qui & en l' offenfiue & en la defenfiue eft beaucop plus vtile
& auantagee.

Et voyci les raifons fur lefquelles le Seig: Bafta fonde la preeminence &
vtilité de la corraffe : fe faiffant fort de tirer tous les lecteurs a fon party :
mais auec quel effect le lecteur accort s' en ferá bien apperceu.

Or tous fes mal fondez fondements font a la fin conclus, en la maniere
fuiuante : Tous ces auantages de la corraffe font que les lances leur font demeurées inferieures, non feulement de credit & reputa-

C 3   cion,

cion, mais auſſi de force & effect : & fault qu' elles leur cedent
de ſeules a ſeules, & quand auſſi que les corraſſes elles ſeroint contraintes de ſe tenir en gros eſquadrons. Mais ſi mil corraſſes debuoint combattre contre mil lances reparties en petis eſquadrons:
elles ſeroint facilement perçees & defcittes des lances qui en petites trouppes font plus grand effect: comme on voyt, qu' en ceſte maniere cent lances peuuent emporter cent corraſſes, & dauantage.

C'eſt vne choſe aſſeurée que les lances ont icy vn iuge trop non ſeulement partial, mais auſſi malicieux, qui fait de l' ignorant de ce, dont toutesfois il fait profeſſion, aſcauoir du gouuernement de la Cauallerie, & des
principaulx fondements d'icelle. Comme auſſi cecy ſera demonſtré pour
concluſion de ceſte queſtion de ſes propres parolles. Il dit donques: tous ces auantages de la corraſſe font que les lances leur ſont de-
meurees inferieures, non ſeulement de credit & reputacion, mais
auſſi de force & effect: & fault qu' elles leur cedent, eſtants ſeules &
en grands eſquadrons.

Voyez, je vous prie, comment il conclud la queſtion propoſee, afin que
par tout potage la corraſſe emporte le pris, preſuppoſant, que les lances ſoyent contraintes de ſe tenir en grans eſquadrons. Sachant
toutesfois bien que c' eſt la proprieté de la lance de combattre non en gros,
mais petis eſquadrons ou trouppes , diſant luy meſme que les Lanciers
doibuent repartis non en gros mais petis eſquadrons , y adiouttât
les raiſos veritables & fondees meſme ſur la neceſſité, tant eſprouuée par l'
experience, diſant:

Tant pource que comme on voit ſeulement des deux premieres files viennent aioindre l' ennemy, & ce, peu vnies a cauſe
de la diuerſité des carrieres , que d'aultant que ceulx qui les ſuiuent, par la meſme raiſon, s' empeſchans l' vn l' aultre, ſeroint
contraints pour faire quelque choſe, de ſe mettre ſur le trot, &
mal vnis ſe jetter de l' vn ou de l' aultre coſté, pour prendre leur
carriere: dont il fauldroit abandonner leur lances, n' en pouuant
endommager l' ennemy. De ſorte que tant plus grand que ſera
l'eſquadron, tant en ſera auſſi plus grande la confuſion & le deſordre: les plus tardifs eſtants delaiſſez de ceulx qui ſont mieulx montez, qui touſiours vueillent penetrer plus auant: & eſt impoſſible
de ſe pouuoir remettre & reunir, pour reprendre nouueau party.

Ce ſont ſes propres termes, eſquels par bonnes & bien fondees raiſons il eſclaircit la quattrieſme proprieté de la lance : aſcauoir qu' il fault
neceſſairement qu' elle ſoit rangé non en gros mais petis eſquadronceaulx.
Car meſme aux plus petites trouppes de deux files, il n' y a que la premiere
                                                                              qui

qui produit son effect entier: & la seconde n' y peult faire grãde chose, n' y pouuant si bien ioindre a temps: & la troisiesme demeure comme du tout inutile. Alleguant trois grandes incommoditez prouenantes de ce que les trouppes sont faittes trop grandes.

Premierement que l' effect est aneanti.

Secondement qu' il en resoult grans desordres & confu-
sions. Tiercement qu' ils ne se peuuent rejoindre pour reprendre nouueau party. Esquelles parolles dissoult toutes ses aultres
conclusions qu' il prétend faire sur l' auantage corrasses. Il dit:
quand aussi bien que les corrasses elles seroyent contraintes de se
tenir en gros esquadrons. Pourquoy ne dit il aussi: Si elles se de-
sarmoint se laissant sans aulcun mouuement & resistence enfoncer des corrasses. Il scait quelle est la proprieté de la lance, & que
son mouuement se fait en petis esquadrons, & non en grans comme celuy de la corrasse.

C' est tout aultant, comme s' il disoit, si l' asne auoit des plumes,
il voleroit. Car comme ce n' est de la proprieté de l' asne de voler: ainsi
n' est il du naturel & proprieté de la lance de combattre en gros esquadrons.

Finalement dit il: mais si mil corrasses debuoint combattre contre mil lances reparties en petites trouppes, elles seroint
facilement perçees & desfaittes des lances, qui en petites trouppes font plus grand effect; comme on voyt qu' en ceste maniere,
cent lances peuuent emporter cent corrasses, & dauantage.

Gran mercy Mons. Basta: mais ceste sentence est du tout contraire à
la pretendue eminence de la cuirasse: & de fait tout l' honneur en est donné
a la lance, quand tu dis:

Premierement, quand elles seroint reparties en petites trouppes, les corrasses en seroint facilement perçees & desfaittes.

Secondement, encor que les corrasses fussent en pareille,
voyre plus grande quantité, si se trouueroint elles surmontees.

Tiercement dis tu: Qu' il y en a qui sont d' aduis, que les lances secondees des corrasses encor qu' en moindre quantité, seroint superieures a aultres corrasses. Et monstres aussi comment
la lance en ses petis esquadrons, doibt attaquer les dittes corrasses soit en front ou au flanc, asseuree d' en emporter la victoyre.

Dont je suis grandement esbahy d' vne conclusion si absurde & contraire du Seig: Basta, sur ceste question de la preeminence de la corrasse
par dessus la lance: car il n' eust peu alleguer des arguments plus veritables & solides que ceulx cy, si auec toute diligence & industrie il la voulut
attribuer aux lances, ausquelles de fait elle est deüe indubitablement.   Et
ne se contente de parolles, ains le declaire encor par exemples treseuidents,
                                                                      com-

comme tu vois en la figure adioincte qui est l'onziesme, en laquelle Num. 5.
il monstre comment cent lances ordonnees competement en leurs esqua-
dronceaux enfonceront cent cinquante corrasses. La ou au contraire il ne
scauroit monstrer ne trouuer aulcun moyen, par lequel les 150. corrasses
pourroint estre guaranties des dittes lances, beaucoup moins les surmon-
ter. Comme es parties suiuantes il sera plus clairement demonstré.

Et dis que la pacience, que le dit Seig: Basta prescrit aux lances, de ce quelles sont deuancees des corrasses est expirée, icelles
retenant l'honneur ancien d'estre la plus noble, louable, vtile,
necessaire & digne armature, aussi bien au temps present, qu'
elle en a eu la reputacion du passé: & le retiendra sans aulcune doubte iusques à la fin du monde & de toutes guerres.

Car si tu recerches toutes les inuentions militaires, quelconques elles soint: tout bien pesé, consideré, conté & rabbattu : il fault confesser (si
nous en volons, comme en sommes redebuables, dire la verité) que la vielle
maniere d'vser des armes & discipline militaire, est la meilleure. Et de ceste maniere de cercher nouuelles inuentions, les recommander & approu-
uer, on n'en a tiré aultre profit, sinon que l'art & discipline militaire, par tant des nouueautez, chascun y pretendant faire le
sien, comme l'homme est tousiours amateur des
choses nouuelle peu a peu a esté obs-
curcie, voyre defaitte &
ensepuelie.

Decla-

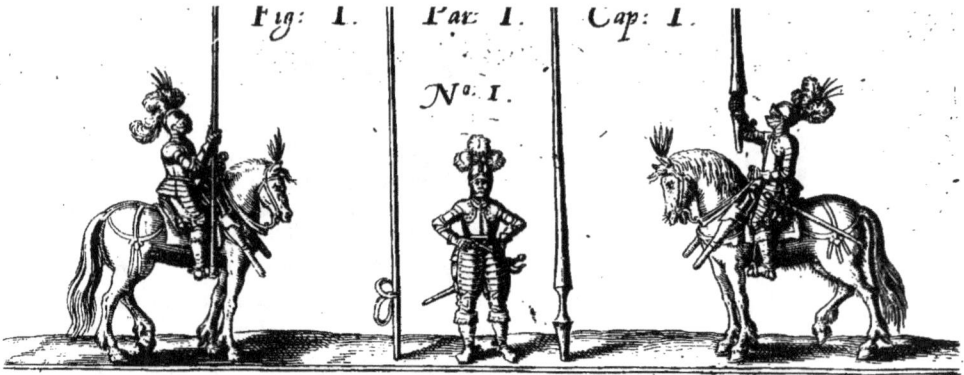

Nº. 1.

Nº. 2.

Nº. 3.

Nº. 4.

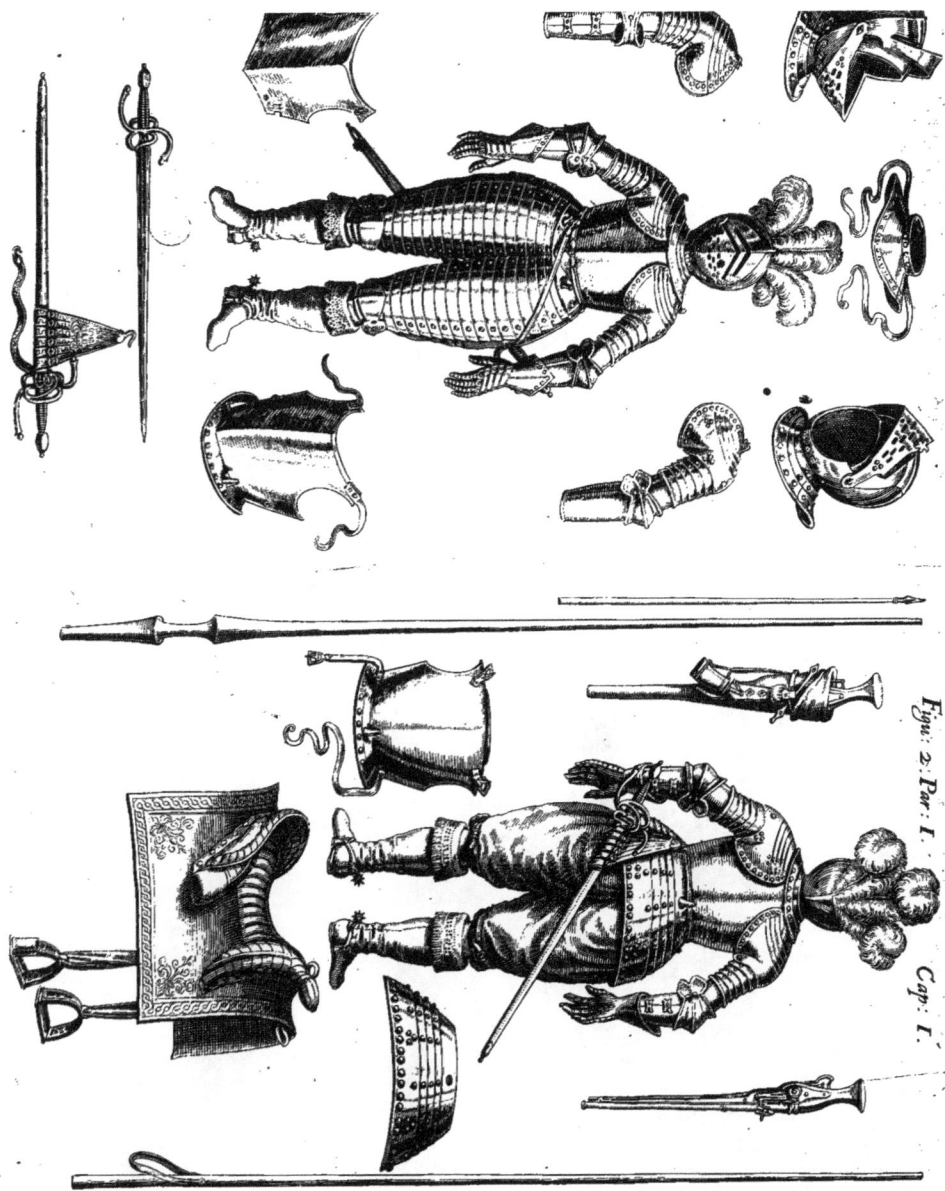

No. 3.

No. 1.

Figu: II.
Par: I.
Cap 4.

No. 5.

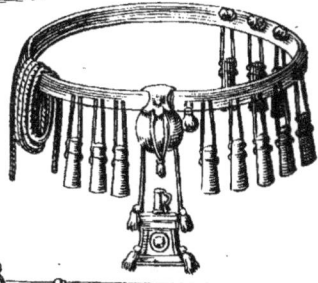

No. 1.

No. 2.

No. 4.

N.º 1.

Figu: 3. Par: 1. Cap: 1.

N.º 2.

N.º 3.

Figu: 4. Par. I. Cap: I.

No. 1.

No. 2.

No. 3.

N. 8.

N. 5.

N. 3.

No. I.

N. 6.

N. 8.

N. 7.

N. 9.

Figura 5 Par: I. Cap: I.

N. 7.

N. 7.

N. 4.

No. 2.

N. 9.

N. 6.

DECLARATION DES
FIGVRES DV PREMIER
CHAPITRE DE LA PREMIE-
RE PARTIE.

E N la Fig. 1. tu as les quatre sortes de la Caual-
lerie.
Num. 1. La Lance.
Num. 2. La Corrasse.
Num. 3. L' Arquebusier.
Num. 4. Le Drageon.

Figura 2.

Monstre les armes du lancier, desquelles il est deüement couuert, chascune piece nombrée a part.

Figura 3.

Monstre trois diuers mouuements de la lance, ascauoir.
Num. 1. En hault.
Num. 2. Au milieu ou roide & droicte.
Num. 3. En bas. Et iceulx contre la Cauallerie.

Figura 4.

Tu vois les mesmes mouuements contre l' Infanterie.
Num. 1. En hault.
Num. 2. Au milieu.
Num. 3. En bas.

Figura 5.

Comment le lancier se doibt exercer, pour dextrement vser de
sa lance en toutes occurrences, tant de festin que militaires.

D   Num.

Num. 1. En hault.

Num. 2. Au milieu.

Num. 3. En bas.

Num. 4. Comment il s'exerce pour cueillir vn gand, ou vn chappreau en pleine carriere de la terre.

Num. 5. Comment il porte la lance droicte & manifeste.

Num. 6. Comment elle est portée couuerte ou cachée.

Num. 7. 7. 7. trois diuerses positions.

La premiere, comment au pas il prepare la lance au choc.

La seconde, Comment il abbaisse la lance au galop.

La troisiesme, Comment il la presente en pleine carriere.

Num. 8. 8. Comment tous presentent la lance a senestre.

Num. 9. 9. Comment la lance senestre abbatt son aduersaire.

Figura 6.

Num. 1. 1. Comment il fault detourner le coup auec la lance.

Num. 2. 2. Comment a lances dextres les cheuaulx de tous costez sont atterrez.

Num. 3. 3. Comment la lance dextre tasche de leuer de la selle, celuy qui la presente a senestre, par le flanc.

Figura 7.

Monstre comment les trois dessus dits mouuements de la lance sont aussi prattiquez du pistol.

Num. 1. En hault.

Num. 2. au milieu.

Num. 3. En bas.

Num. 4. Comment le lancier, apres auoir rompu sa lance, ou ietté par terre, se defend de son pistol.

Num. 5. Comment tous deux, les lances rompues, mettent les pistols sur le col vers la poictrine des cheuaulx contraires.

Num. 6. Comment ils se mettent le pistol droict sur la poictrine.

Num. 7. Comment le lancier met le pistol sur le col de celuy, qui se tient a pied.

Figura. 8.

Tu voys comment il se defend de l'espee, & comment elle est mise en œuure.

Num

No. 1.   No. 1.

No. 2.   No. 2.

No. 3.   No. 3.

No. 1.

No. 2.

No. 3.

Fig. 7.

No. 4.

No. 5.

No. 6.

No. 7.

Nᵒ. 2.

Figu: 8.
Par: I.
Cap: I.

Nᵒ. 4.

Nᵒ. 7.

Nᵒ. 6.

Nᵒ. 1.

Nᵒ. 3.

Nᵒ. 5.

Num. 1. Comment l'vn presente l'espée, a dextre & l'aultre a seneftre.

Num. 2. Comment celuy presente l'espée en hault, cueillit ou la visiere ou le col de son ennemy.

Num. 3. Comment aü milieu, ou à lance roide, ils taschent de prendre l'vn l'aultre soubs la cuirasse.

Num. 4. Comment par en bas tous deux les cheuaülx sont atterrez.

Num. 5. Instruction comment a bras courbé il fault s'exercer a cueillir vn blanc, au pas, & par le hault.

Num. 6. Par le milieu, au galop.

Num. 7. Par en bas en pleine carriere.

D 2   CHAP.

CHAP. II.

De la Corraſſe ou Coraſsiers.

A Corraſſe eſt vne inuention de noſtre temps, entrée en vſage il y á enuiron 50. ou 60. ans. Car les lanciers commençans par pluſieurs & diuerſes raiſons a defaillir, en la France & au Pais-bas, de ſorte qu'on ne s' en pouuoit fournir a ſuffiſance: on á comme par côtrainte les corraſſes pour s' en ſeruir en leur place. Or ont elles nom de nouuelle & auantageuſe inuention: mais il n' y a fallu trop de rompement de teſte, n'y ayant choſe nouuelle ſinon le nom: ou ſelon le prouerbe, on a donné vn aultre nom a l' enfant: comme on dit d' vn, qui accouſtumé de manger touſiours de pain blanc, mais n' en pouuant non plus prouuer ſe contenter du pain brun. Et ainſi en eſt il de la corraſſe & ſon inuention: cependant qu'on auoit la noble lance, on la tenoit en bone reputacion: mais n' en pouuant non plus auoir, on en a fait des corraſſes. Et afin, amy lecteur, que tu en voyes la cauſe de l' inuencion, en voyci la deduicte.

Es longues guerres de la France & du Pais-bas, cependant que la nobleſſe s' y addonnoit, il n'y auoit plus noble ne louable armature, que la lance. Mais par la continuacion d'icelles l'argent, qui eſt le nerf & ſouſtien des guerres, commencant a defaillir: Ioint que cependant auſſi vne grande partie de la nobleſſe y fut auec le temps conſumée; & bonne quantité d' icelle, ſi non tous, ayant fait leur debuoir auec danger de la vie, & les cheuaulx laiſſez pour les gages, mal recompenſez, non ſeulement de ce qu'on ne leur donnoit aultres cheuaulx, mais auſſi les defraudoit de leur ſolde meritée, de maniere que ſortans de leur maiſons bien pourueux & montez a bons cheuaulx, ils y retournoint tout pauures, haraſſez & a pied : il y a eu pluſieurs degouſtez, voyants comme le renard d' Æſope pluſieurs piſtes qui y entroint, mais nulles qui en ſortoint; de ſorte que la lance peu a peu eſt demeuree abandonnée, ou pour le moins on s' eſt apperceu de la decadence & default.

Premierement, des nobles & bons cheualiers, bien preux & exercez au maniement d'icelle.

Secondement, des cheuaulx de pris & bien dreſſez.

Tiercement s' y auſſi adioinct l'amoindriſſement ou rongemêt de la ſolde, qui n'en a pas eſté la moindre cauſe : car en ce default, il a fallu ſe contenter des cheuaulx moindres, n' en pouuant auoir d' aultres a ſi petite ſolde.

Les lanciers auſſi qui y ſont demeurez de reſte, attendans ou la fin de la guerre, ou leur payement, & perdans cependant leurs cheuaulx propres pour la lance, & n' en pouuant auoir d' aultres, ont eſté contraints de quitter

ter la lance, pource qu'il ne pouuoint prester l'effect requis, en ces cheuaulx moindres defquels il fe falloit feruir : dont pour n'eſtre du tout inutiles, ils ont pris les armes de la corraffe & le piſtol : accompliffant ainſi
tant qu'ils pouuoint l'effect, qui a faulte de bons & legiers cheuaulx leur
eſtoit denié, auec des cheuaulx gros & pefants au trot & galop. Et afin
qu'on ne s'apperçeut de ce default de milice, ils fe laifferent donner vn
aultre nom, & fe loüer d'inuention nouuelle : non tant de nouueauté & v-
tilité, mais de feule neceffité, afin que la Caualleric ne demeuraſt du tout
abandonnée. Et s'il y a quelq; chofe de nouueau, ce n'eſt aultre chofe que le
nom, comme je te le deduiray des deux effects de la lance.

Ie t'ay dit au chapitre precedent, que l'effect de la lance eſt offenſif
& defenſif.

Offenſif quand les ordres & efquadrons de l'ennemy en font percez,
diffouls & enfoncez, & ce par le moyen de petis efquadrons, ou trouppes.

Defenſif ferré & vni en vn gros efquadron & corps folide, les effects de
l'ennemy en font fouftenus.

Ce font les deux effects & proprietez de la lance : dont j'ay dit qu'elle
eſt ou offenſiue ou defenſiue.

L'effect offenſif fe fait par la lance, & le defenſif par l'harnois ou cuiraf-
fe & le piſtol. Car, comme j'ay dit, le lancier en doibt auffi bien, voyre mieulx, eſtre guarny que le corraffier : de quoy ne pouuant a prefent difcour-
rir a la longue, j'en donneray en brief quelq; fatisfaction & contentement.

Le lancier ayant le cheual de pois fon harnois, piſtols & lance pour
offenſion de l'ennemy, eſt appellé Lancier; ofte luy auec le lance le bon cheual luy donnant vn moindre, pefant & inutile pour vne fubite violence : ce
fera alors vn corraffier. Ou bien, ofte au lancier l'armature offenſiue, luy laif-
fant feulement la defenſiue, & en feras ainſi vn corraffier.

Or s'aperceuant auec le temps, qu'a caufe des defaults & raifons
fufdittes on ne pouuoit faire leuée, & entretenir la lance, on á reduit le tout
en corraffe : auec ce contentement (comme Baſta dit auffi) que l'homme
n'auoit befoing de ſi penible exercice, ne de cheual de ſi grand pris.

Et voyci la vraye & fondamentale hiſtoire de l'origine de la corraffe.

Dont, amy lecteur, tu vois, que quant a l'armature & effect, ce n'eſt
point vne inuention nouuelle, mais affez antique prife de la demye lance,
de laquelle on y voyt les proprietez & effects : & n'y á rien que le nom nouueau. Et luy voulant donner fon vray nom, ils la debuoint nommer demye
lance pour les raifons fuiuantes.

Premierement eſt ce vne demye lance, a raifon de l'homme, qui n'eſt
de la moytié, voyre de la centiefme partie ſi habile que le lancier : & n'a
aultant de peine tant pour eſtre dreffé, que pour executer fes effects.

Secondement eſt ce auffi demye lance, quant au cheual, qui n'eſt de la
moytié ſi bon qu'il eſt requis pour la lance.

Tiercement eſt ce vne demye lance, a raifon de l'armature, eſtant
priuée de la lance, qui eſt la moytié principale de l'offenſiue du lancier.

Quattement auffi a raifon des proprietez & effects, car l'offenſiue de
la lance qui confiſte en l'homme, cheual & lance, luy eſt oſtée. Et ne retient
que la defenſiue en auec vn cheual lourd, & qui n'a befoing de ſi gráde adreffe, qui encor a peine n'eſt la moytié de la lance.

Et

Et jufques icy eſt ce que je me ſuis reſerué, pour monſtrer au Seig: Baſta tant la pretendue eminence de la corraſſe, que l'inuention d'icelle; de laquelle il n'a entendu ou voulu entendre les fondements : reſemblant ou imitant ce renard, qui ayant perdu la queüe, & en eſtant demandé, ou il auoit laiſſé ce membre tant noble & neceſſaire, non ſeulement pour l'ornement, mais auſſi pour la defenſe ? reſpondit qu'il auoit fait couper-volontairement, pource que c'eſtoit vn membre inutile & de grande charge & empeſchement, voyre qu'on pouuoit eſtre pris par la. Et que c'eſtoit ſa noüuelle inuention, laquelle ils debuoint imiter, pour eſtre tant plus legiers & aſſeurez de toute incommodité qui en pourroit prouenir. Mais la reſponce qui luy fut donnée tuient fort bien a noſtre propos.

Ainſi voyez vous, Nobles Lanciers, la dignité, vtilité & neceſſité de la lance (bien quelq; peu penible & laborieuſe, comme la vertu á touſiours l'acces laborieux : mais auſſi eſt recompenſée de l'honneur,) armature honorable, propre a tous deux effects & offenſif & defenſif: la coraſſe n'eſtant ſelon les raiſons ſuſdittes n'eſt que voſtre moytié. Mais ailleurs nous traitterons plus amplement de ceſte matiere.

Cependant toutesfois en default de ceſte partie de la Caüalletie, la corraſſe n'eſt a reietter, ayant auſſi honneur & vtilité, quand elle eſt bien conſiderée ſelon ſa qualité, & ſagement miſe en œuure & appliquée.

Sa proprieté principale eſt de ſouſtenir & arreſter les eſquadrons de l'ennemy: combien qu'auſſi luy eſt attribué le pouuoir d'enfoncer & rompre ſelon l'occurrence les dits eſquadrons, mais non indifferemment.

Son armature eſt harnois fin, ſouſtenant le coup de l'arquebus, en toutes ſes pieces comme il eſt dit de la lance, & ſe voit Fig 9.

Son eſpée (ſans les bottes & eſperons) eſt vne pedarme, ou eſpee courte & trenchante, auec la poincte forte & propre tant au trenchant qu'a l'eſtoc. Propre pour s'en ſeruir es eſquadrons enfoncez & rompus.

A l'arçon de la ſelle, il aurá deux piſtols touſiours preſts, chargez & montez pour la defenſiue, comme auſſi pour l'offenſiue, combien que l'armature pour la plus part n'eſt que defenſiue. Au fourreau des dits piſtols il aurá pendant le flaſque a pouldre, auec deux clefs. Quant au cheual, il n'eſt beſoing qu'il ſoit des meilleurs: car pour ceſte armature on ſe peult ſeruir de cheuaulx communs, moyennant qu'ils ſoyent forts & obeiſſans a la bride.

Ses exercices particuliers ne ſont ſi grans ni exquis, que ceulx du lancier, n'ayant a remarquer que ces deux points.

I.　　Qu'il s'accouſtume á ſupporter le fardeau de ſes armes.

II.　　Qu'il s'exerce auſſi de tirer de ſes piſtols le coup aſſeuré, en toutes les manieres & ſortes qu'auons dit du lancier.

S'il veult decharger ſon piſtol contre l'ennemy, qu'il ne luy donne le

feu,

feu, s' il ne l' á bien asseuré, voyre iusques a le toucher d' iceluy, ou pour le moins de si pres, qu'il le touche de la flambe.

Pour faire son effect sur l' ennemy, il se met sur le trot , ou sur le galop, & principalement en la poursuitte.

Il fault qu'il ayt le terrein dur & solide, a cause de la pesanteur de son armure : & toutesfois il peult mieulx supporter l' incommodité d' iceluy, que le lanciér.

Elle est nommee Cauallerie graue ou pesante, a cause de pesanteur tant de l' armature, que du cheual.

Decla-

Declaration de figure. 9.

EN ceſte Neufieſme figure tu vois le Coraſsier armé de toutes ſes pieces declarees par le menu au chapitre premier, & monſtrees en la figure ſeconde.

CHA-

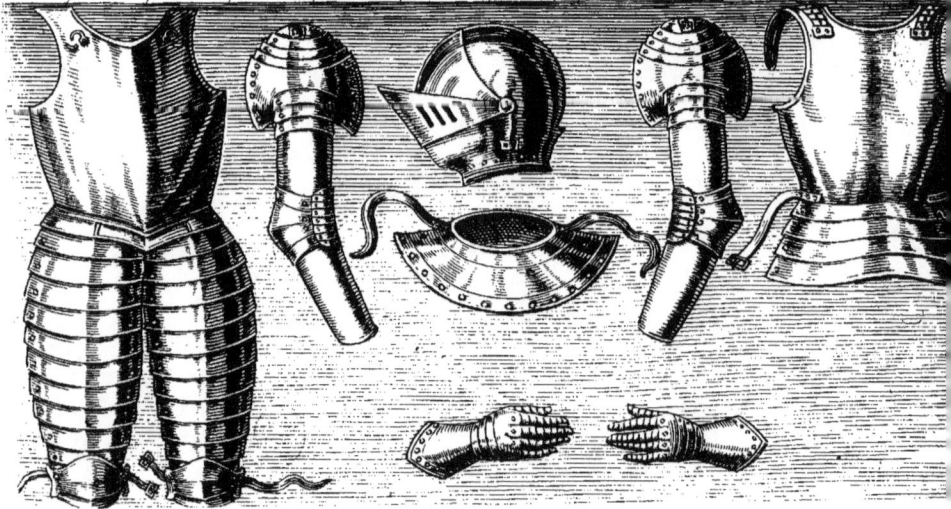

CHAP. III.

De l' Arquebusier ou Bandellier.

'Arquebusier Carrabin ou Bandelier a cheual, est la troisiesme partie de la Cauallerie, & est nommé Cauallerie
legiere, d'aultan qu'il non seulement les armes plus legie-
res, mais aussi le cheual si pesant, que les deux proce-
dents.

Il á son nom de son arquebus long, ou du bandeau
qu'il a sur ses espaules, dont le dit arquebus depend.

Deuant toutes choses il fault qu'il ait aussi vn bon cheual, de force
moyenne bien a la main, & legiera la course ou carriere, & prompt tant a l'
inuestir qu'a poursuiure.

Son armure est vn pectoral auec la dossiere sans les brassieres & iambieres, & l' armet ouuert. Tu peulx aussi deposer la dossiere si tu veulx, pour auoir le pectoral plus fort & a preuue, serré d' vne croisade sur le dos.
Comme tu vois Fig. 10. Num. 1.

Au col ou sur l' espaule il á vne courroye de cuir, comme le bandeau
du musquettier, large auec vne traine crochetée fer au bout, guarni d' vn
petit resort, afin que l' arquebus y estant accroché n' en sorte. Ceste traine n' est point ferme, ains la courroye passant par l' esguille, elle glisse sur la
ditte courroye, en sorte qu' elle y peult estre haulsée ou abaissée. Comme on
voit Num. 2. Fig. 10. Son Arquebus a quatre pieds de longueur, auec vn
fusil, tirant pour le moins vne once de balle. Au costé senestre au lieu qu'il
approche de la machoire pour prendre la mire de son coup, il aurá deux
petits verraulx pour ioindre fermement sur le bois par en hault, & en bas
du dit arquebus, vne branche de fer rond aussi long quasi que le dit bois;
auquel il y á vne aultre traine auec vn anneau, qui entre au crochet du
bandeau dessus dit: & ainsi y est l' arquebus dependant. Voy Num. 3. Fig.
10. Et y est ceste vergette de fer adioutée, que tant au charger qu' au de-
scharger l' arquebus luy soit mieulx a la main, & plus asseuré en icelle.

Sans l' arquebus il á encor vn ou deux pistols dependans de son arçon,
pour s' en seruir en toutes occurrences.

Son espée est vne Pederme, propre tant a la taille qu' a l' estoc.

A sa ceinture il le porteflasque de bon cuir, dont depend le flasque
de pouldre auec la clef. Il en prend la longueur selon sa proporcion, ou
volonté; au bout d' en hault le dit porteflasque á vne petite bourse pour
les balles & le nettoyeur de son arquebus. Il aurá aussi en la ditte bourse,
quelques patrons pour s' en seruir en l' occurrence; ou bien s' il vouldra il
se seruira au lieu du flasque d' vne tasche de patrons attachée a la cuisse
droicte, de dix ou douze patrons ou dauantage tous prests. Auec la ditte

E   tasché

tafche il aurá auffi vn petit puluerin & la clef attachée. Le tout felon la volonté & fantafie de chafeun, fe feruant de ce qui luy femblera mieulx a propos & plus commode. Toutesfois a mon aduis le porteflafque vfité au pais-bas y eft plus propre. Voy Fig. 10. Num 4.

S'il fe fert de la tafche a patrons, & ne la veult attacher a la cuiffe, il l'attachera fermement a fon arçon guarnie de fes patrons.

Il fe peult auffi couutir, s'il veult d'harnois principale en bataille, vn pectoral contre la lance ou la balle de l'arquebus.

La proprieté & effect, eft de courageufemét molefter, attaquer & pour-fuiure l'ennemy de fes arquebufades.

On s'en fert en l'auant & arriere garde pour defcouurir & battre la campagne, prendre langue conuoyer, occuper & garder les paffages.   En fomme il peult eftre appliqué en toutes occurrences & occafions: dont auffi il fe doibt pouruoir de bon cheual.

Cefte troifiefme partie de la Cauallerie doibt eftre fort gaillarde & pro-pre, d'aultant qu'elle eft appliquée a plufieurs exploicts, joint qu'il a auffi fes exercices, efquels il doibt eftre bien dreffé.   Les exercices particulers font ceulx cy.

Il fault qu'il foit bien dextre au maniement de l'arquebus, en toutes les façons & modes defcripts au liure premier de l'art militaire de l'Infan-terie.

L'Arquebus demeure toufiour pendant de fon col au bandeau. S'il le veult decharger contre l'ennemy, il l'empoigne de la main droicte, le mon-te, ofte le retien, le prend de la main gauche, en laquelle auffi il tient la bri-de de fon cheual au pois ou niueau, prend la mire ou vifée, & finalement donne feu. Voy Num. 5. Le coup fait, il en retire la main droicte, le rete-nant en la gauche, & le tournant vers le cofté feneftre, le recharge, monte, met le puluerin fur le baffinet ou fogon, & ainfi s'apprefte pour le fecond coup, ou aultant qu'il en a affaire: & tout eftant fait, le remet au cofté droict, comme il eftoit au parauant.

Il tafche d'auoir vn bon arquebus, duquel il puiffe tirer de 200. a 300. pas vn bon coup & affeuré.

Il s'exerce a tirer bien au trot & au galop, ou en carriere en ces quatre fortes & manieres.

I.   En carriere il tire a dextre. Num. 6.

II.   A feneftre. comme Num. 7.

III.   Droict deuant foy. Num. 8.

IV.   Le corps tourne, il tiere en erriere Num. 9.

Ces quatre fortes, il les fait en pleine carriere, & pour fon feruir pro-prement foit en bataille ou en aultre occurrence, il y fault grand exercice & diligence: dont fans doubte il en recebura grand profit & auantage, com-me je monftreray en fon lieu es parties fuiuantes.

Il conduit & porte fon arquebus en deux manieres.

1. Efleué comme on voit Num. 10.

2. Pendant comme Num. 11.

Il fe fert auffi d'vne piece de peau de veau auec fon poil, pour couurir l'arquebus contre la pluye, & aultre humidité, l'y attachant ou auec des

petis

petits clous ou petits verraux, ou l' en enueloppant le plus commodement qu'il peult. Voy Num. 12.

Ne se pouuant plus seruir de l' arquebus, ou estant tellement pressé qu'il ne le peult si hastiuement recharger: il s' aydera en telle necessité de sa seconde armature, ascauoir du pistol, au maniement duquel il se doibt aussi exercer, selon qu' auons dit dessus des mouuements de la lance & de la corrasse.

Sa derniere defence se fait de l'espée, en toutes les sortes qu' auons monstrees au chapitre precedent.

Son effect est offensif, sa defensiue estant bien petite.

Pour paruenir au bout de son effect contre l' ennemy; il se met en petites troupes, esquelles toutesfois il peult supporter plus des files que la lance. Car il en peult auoir 4. 6. 8. 10. ou aussi aultant que tu veulx; mais note qu' a moins des files, il y aurá plus de force & offense contre l'ennemy.

Decla-

DECLARATION DE LA
DIXIESME FIGVRE.

VM. 1. Vn pectoral ou halecret a l' efpreuue de l'arquebus, auec fes ceinctures, par le moyen defquelles il eft fermement ceint fur le corps.

Num. 2. Le bandeau, auquel l' arquebus eft pendu.

Num. 3. L' arquebus auec la vergette de fer au cofté feneftre.

Num. 4. Le porteflafque auec le flafque a pouldre, & clef.

Num. 5. 1. Comment il empoigne l'arquebus de fa dextre.

    2. Comment il prepare de fa feneftre l' arquebus, au monter de la pierre & ofter le retien.

    3. Comment il prend la mine en pleine carriere.

    4. Comment, apres le premier coup, il fe prepare pour le fecond.

Num. 6. Comment en pleine carriere il tire a dextre.

Num. 7. Comment il tire a feneftre.

Num. 8. Comment il tire droict deuant foy.

Num. 9. Comment il doibt tirer par derriere.

Num. 10. Comment il porte l' arquebus droict.

Num. 11. Comment il porte l' arquebus pendu au col.

Num. 12. Monftre comment d' vne piece de peau de veau ou aultre chofe conuenable il couure l' arquebus contre la pluye, pouffiere ou aultres inconueniens.

CHAP.

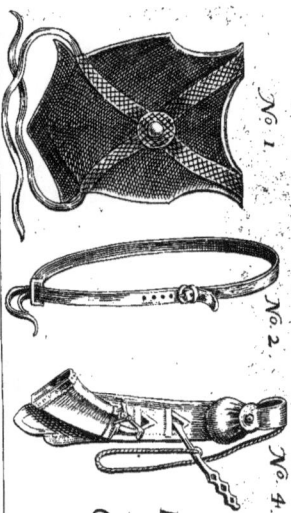

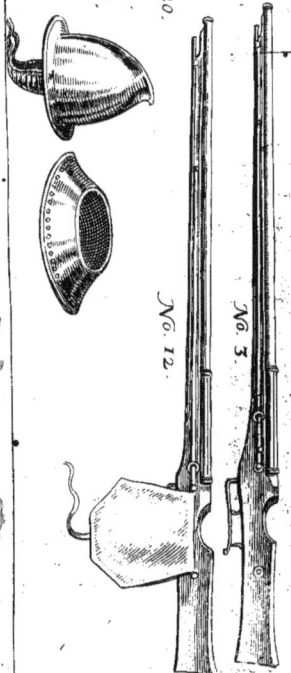

No. 1.

No. 2.

No. 4.

Figu: 10.
Par: 1.
Cap: 3.

No. 5.

No. 12.

No. 3.

No. 5.

No. 6.

No. 7.

No. 10.

No. 8.

No. 11.

No. 5.

No. 9.

No. 5.

10

CHAP. IV.

Des Drageons.

'eſt vne lourde & ridicule armature, mais cependant en ſon lieu fort conuenable, propre & vtile partie de la Cauallerie, inuentée afin que (conſiderants qu'il y a pluſieurs exploicts militaires, qui ne peuuent eſtre effectuez par la Cauallerie ſeule) l'infanterie ou partie d'icelle, montée a cheual, auec ſes armes requiſes, ſecondaſt prompte & ſubitement la Cauallerie. Qr en voyci l'equipage.

Pour Drageons tu prendras la moytié de muſquettiers, & l'aultre moytié de picquiers, chaſcun armé de ſes armes propres, comme il eſt monſtré en l'art militaire de l'Infanterie, deſquelles ils vſeront auſſi a la maniere d'infants: comme auſſi ils ſont plus dependans de l'Infanterie que de la Cauallerie: mais d'aultant qu'ils ſont touſiours a cheual, & logez meſme aux quartiers de la Cauallerie, j'en ay voulu faire mention en ce lieu.

Ses armes donc ſont le muſquet, ou la picque. Le muſquet a, attaché au deux bouts de ſon fuſt, au hault & au bas, vne courroye de cuir, a laquelle eſtant a cheual il le pend au col ſur ſon dos. Fig. 11. Num. 1.

Eſtant a cheual il tient la meſche brullante, & la bride du cheual en ſa main gauche, tenant le bout allumé entre ſes doigts.

Il a le moindre cheual qu'on peult auoir, dont auſſi n'eſt de trop grand pris, de ſorte que s'il eſt queſtion de mettre pied a terre & le quitter, la perte n'en eſt trop grande.

Que le muſquettier s'accouſtume de tirer de ſon muſquet a cheual, de tous coſtez & en toutes ſortes, ainſi qu'il a eſté dit de l'Arquebuſier au chapitre precedent.

Il ne ſe chargera de bottes & eſperons, car elles luy ſeroint plus toſt dommageables que profitables, quand il ſeroit beſoing de mettre pied a terre.

Le picquier aura au milieu de ſa picque, vne gaine ou fourure de la longueur de deux palmes; ou bien vne petite courroye, pour en pendre la picque aſſeureement: comme on voit Num. 10.

En ſon harnois il aura au coſté dextre deux petis pertuis, par leſquels il y attachera vn petit crochet, pour y pendre ſa picque en cheminant a

E 3 cheual

cheual en forte qu'il l' y puiffe porter a l' aife & fans aulcun empefchement
foub le bras dextre, comme Num. 5. le monftre. En l'effect de fon exploict, il
met gaillardement le pied a terre. Et en tout le refte, il fe comporte, comme
au liure precedent il a efté dit, des mufquettiers & picquiers.

Quand les Drageons vont attaquer l'ennemy apres auoir, comme il
eft dit, mis pied a terre, ils iettent la bride de leurs cheuaulx fur col de celuy de leurs voyfins, ainfi qu'ils demeurent tous ioint de file a file, comme ils
auoint marché, de forte que les cheuaulx fe tiennent ainfi accouplez par les
brides ne fe pouuants enfuire: entretant que les maiftres font en terre, on
y ordonne quelques vns qui les gardent, aultant que poffible, de tous inconueniens qui y peutt oint furuenir.

Il eft propre pour toutes entreprifes de quelconq; forte qu'elles foyent, & principalement quand il eft queftion de fubitement efcheller ou
furprendre quelq; fort, ou de creuer quelq; porte, ou aultres tels exploicts,
propres de l'Infanterie.

Pour furprendre les quartiers de l'ennemy, il y eft auffi fort propre tant
pour la Cauallerie que pour l'infanterie.

Les picquiers font fort conuenables pour faire arrefter la Cauallerie
ennemye en paffages eftroicts, des bois & aultres occurrences des paffages.

Cefte forte de Cauallerie vient auffi bien a propos en batailles rangees.
Car eftant en pleine bataille contre l'ennemy, l'auantgarde fe trouuerá fort
bien, ordonnant que les Drageons s' auancent fubitement contre les or-
ordonnances & troupes contraires, foit aux flancq ou a la queüe.

En fomme ceft lourde & informe forte de Cauallerie peult eftre de
grand effect, fi on l'applique propre & prudemment : comme on verrá cy
apres es liures fuiuant de mon traitté.

Et de fait celuy en entend l' vfage, vtilité, proprieté & effect, ne
les mefprifera pas, ains comme d' vne Cauallerie &
inuention vtile en tiendrá gran conte.

Decla-

DECLARATION DE LA
FIGVRE ONZIESME. ·

elle est placée a la page 24

VM. 1. Monſtre premierement là couroye attachée de deuz petis verroulx au muſquet: ſecondement comment le muſquettier a cheual a ſon muſquet pendant ſur ſon dos & la meſche auec la bride en la main gauche.

Num. 2. La picque du picquier reueſtu au milieu de cuir, en lōgeur de deux (palmes ayāt au deux) bouts de ceſte fourrure deux eſguillettes auſſi de bon cuir, par leſquelles la picque eſt attachée a l'harnois de l'homme a cheual, qui par ce moyen l'y tient ferme en marchant.

Num. 3. Au coſté droict du pectoral vn petit crochet, dont depéd la picque des eſguillettes ſuſdittes.

Num. 4. Comment il fault tirer a cheual, auſſi bien du muſquet que de l'arquebus & bandelier.

Num. 5. Monſtre que le muſquettier ne doibt oublier le petit tuyau, dont auons fait mention au premier liure.

L A

LA
SECONDE PARTIE
DV GOVVERNEMENT
ET EXERCICE DE LA CA-
VALLERIE EN GENERAL.

IVsqves a prefent as tu entendu, amy lecteur, les qualitez & proprietez de chafcune partie de la Cauallerie.
Maintenant tu entendras quels font les exercices, defquels auffi chafcune a part foy doibt auoir bonne cognoiffance & experience, qui font appellez exercices
communs.

Mais deuant d'en entrer en propos, je te monftre-
ray, quelle doibt eftre l'adreffe & conftitution de toutes compagnies , &
de chafcune en fon rang & particulier : obferuant l'ordre qu' auons tenu
en la premiere partie , felon lequel nous les propoferons l' vne apres l'
aultre.

Et afin que cefte noftre inftruction & deduitte foit mieulx entendue,
il fault que tu faches, que toutes les compagnies de Cauallerie , iufques a
ce noftre temps prefent, ont efté dreffees & gouuernees auec grans de-
fordres, & fans aulcun regard , ne de la perte de celuy qui les entretient, ne
de leur propre interefs, qui n' eft auffi des moindres.

Lequel defordre eft prouenu principalemét de ce qu'ils n'ont pas enté-
du, ou voulu entendre les fondemets principaulx de cefte milice: chofe que
fans lôgues ambages je te monftretay en toutes les côpagnies qui fe trouuent
a prefent, entre lefquelles a peine tu en trouueras vne feule (excepté
celles de ce Tres-illuftr. Prince & Preux Cheuallier Maurice de
Naffavv &c. qui s' approche plus de la perfection que nul des aultres) dreffée & gouuernée comme il appartient.

Car je te prie, regarde le grand defordre en celles d'Hongrie, remarqué auffi des plus braues, prudents & experimentez Capitaines, comme
pour exemple. Ce tant grand Cheuallier, que bon & expert Capitaine George Bafta , qui auec grand honneur á manié la Cauallerie par 40, années: dont il en á acquis bonne experience, de
laquelle

laquelle mesme les faits heroïques tesmoignent affez : comme de fait c'a esté l'vn des plus vieulx & vsez en ceste noble & honorable milice, y ayant remarqué sans doubte auec diligence toutes les particularitez & generalitez : ne dit toutesfois vn seul mot des fondements, en son traitté du Gouuernement de la Cauallerie legiere.

Il a bien veu la grande confusion, mais quand à la source, occasion & commencement d'icelle, pour y donner les remedes conuenables, il n'y a jamais pensé. Il monstre bien les grans & vtiles effects de ceste milice: mais il ne monstre les fondements, & moyens par lesquels ils doibuent estre obtenus.

Et afin que tu m'entendes encor mieulx, ie dis pour la seconde fois, qu'au dressement des Compagnies à cheual, on n'a pris garde au fondement sur lequel chascun de ces parties se repose: ascauoir le commencement, le moyen & la fin.

Ce sont les trois poincts, sur lesquels toutes les arts & sciences du monde, voyre toutes les choses crées, se fondent & attestent.

Car venants en consideracion de toutes les creatures de ce Grand Dieu, tout bon & seul sage Createur, comme aussi toutes les arts & sciences du monde: nous y trouuerons aultant que de Dieu nous est concedé, leur commencement, moyen, & fin parfaictement. Le commencement & origine, le moyen par lequel elles sont conduittes & soustenues, & la fin ou cause finale de leur estre.

Chose qui n'a besoing de plus ample ou plus longue declaracion. Or de ce dont nous pretendons discourrir, on a bien remarqué & trouué le commencement de ceste noble milice: on en a aussi bien recerché & trouué la fin & vtilité: mais quand au moyen, par lequel elle est soustenue & conduitte a sa fin, qui est le principal en toutes choses; Il n'y a eu personne qui iusques a present en ait fait quelque mention. De sorte que comme toutes les aultres choses, combien que fondees, ne peuuent paruenir a leur fin desiree par faulte de ce point: ainsi ne peult on auoir trop bon espoir en ceste, de laquelle nous parlons.

Et considere en toy mesme: Ayant le bon commencement d'vne chose bonne, & la pretendant conduire a vne bonne & heureuse fin: il fault necessairement que tu penses aussi aux bons moyens, par lesquels elle y puisse paruenir; & sans ces bons moyens, mesmes les choses tresbonnes, n'atteindront leur fin desirée.

Ainsi en est il aussi de nostre Cauallerie; & de toutes ses parties, descriptes en la premiere partie de ce second liure. Le commencement est bon, la fin pretendue vtile: mais la recerche des moyens, par lesquels des son commencement elle seroit conduitte a l'vtilité de sa fin, est iusques a maintenant embrouillée de plusieurs & grands erreurs. Et d'aultant que les moyens pretendus ne sont trop bons & parfaits: on n'a peu paruenir a la fin bonne & parfaicte.

Et de la est reussi, qu'en ceste milice le commencement, qui est bon &

parfaict, a efté tiré en doubte des plus grans & experimentez perſonnages: & comme il aduient ſouuent, que la bonne fin, ne ſe monſtrant, on pretend auſſi reietter le commencement: ainſi y en a il eu, qui n' ont trop fauorablement prononcé de ceſte milice. Mais la faulte n'a eſté qu' en l'ignorance des dits moyens, par leſquels on la pouuoit & debuoit ſouſtenir & conduire, comme auons dit, a ſa bonne fin.

Pour meilleure intelligence je te propoſeray icy vn exemple, pris non des aultres arts & ſciences, mais de celle dont nous diſcourrons a preſent.

La lance eſt trouuée d' vn bon cõmencement, & a bon droit eſt eſtimé bon & parfaict : la fin pour laquelle elle eſt inuentée eſt auſſi bonne & vtile en ſon lieu. Mais quant au moyen, par lequel elle debuoit eſtre conduite des le commencement, iuſques a la fin pretendue, n' eſtant bon & parfaict ; le commencement auſſi eſt non ſeulement tiré, comme auons dit, en doubte, mais a auſſi eſté du tout reiettée & abondonnée comme vne inuention plus laborieuſe qu' vtile.

Voyre commè on a procedé de ceſte partie tant noble, qui eſt la lance, comme vn membre des principaulx de la milice, ainſi en a on auſſi fait des aultres parties, voyre de toute l' art militaire.

Mais afin de venir a noſtre propos, nous monſtrerons, aultant que faire ſe peult, les dits moyens, par leſquels elle doibt eſtre ſouſtenue & gouuernée, en ſorte qu' elle ſoit conduitte a la perfection de ſa fin deſirée.

Les commencements doncques de ces parties de la Cauallerie, ont eſté de bonne & induſtrieuſe inuencion, tendante auſſi a vne bonne fin: mais les moyens par leſquels elle y doibt eſtre conduitte, ſont de deux ſortes.

I. Particuliers.
II. Communs.

Les moyens particuliers ſont l'adreſſe, inſtitution & ſcience de chaſcun Cheuallier ou membre du corps, en ſon particulier.

Les moyens communs ſont les Compagnies bien armees, bien diſciplinees & bien gouuernees: qui s' eſtendent ſur tous regiments & eſquadrons du corps entier.

De ces deux ſortes des moyens il y a plus de cent ans en ça, qu'on n'en a fait aulcune mention fondamétale, ſoit en parolles, ou eſcripts, ou en pratiques.

Le commencement a bien eſté trouué bon: la fin eſtimée bonne & parfaitte: mais on n'y a peu paruenir. Pourquoy? Les moyens n' ont eſté ni bons, ni parfaits.

Car regarde, je te prie, comment la Cauallerie a eſté conduitte iuſques a preſent? en quels deſordres elle a eſté gouuernée? Pour le deduire, certes il y fauldroit vn traitté entier.

Et de fait, quel meſlange & confuſion, ſans aulcun reſpect ne de qualité ne de quantité, ſe voit au maniement d'icelle.

Regard‑

Regarde si a gran peine tu trouueras vne seule Compagnie entre toute la Cauallerie, en laquelle tu me pourrois monstrer vne consideration fondamentale, de sa qualité, de ses effects, de son debuoir, de ce qu'elle peult faire ou endurer : l'vn pesant la qualité, l'aultre la quantité. Car quant a la qualité, tu n'en trouueras pas vne qui des fondaments soit telle, qu'elle debuoit estre : & ainsi en est il aussi de la quantité.

Quant a la qualité, chascune compagnie, esquadron & Regiment doibt en commun, & en particulier estre tellement condicionnee, gouuernee & maniee, quelle puisse prester a suffisance tout ce qui est de son debuoir, & qu'on attend d'elle. Quant a la quantité, on n'en doibt demander plus de seruice & d'effect, de ce qu'elle peult donner : auec bonne & meure consideracion qu'il n'y ayt partie aulcune qui soit ou trop chargée, ou trop espargnée, que sa qualité & quantité demande ou requiert.

Et ces condicions n'estants bien & deuement remarquees, gouuernees & dextrement maniees en noz Cauallerie, il n'est merueille si ces moyens mis a nonchalloir, on n'est paruenu a la fin qu'on pretendoit.

Et sois aduerty qu'en la conduitte & maniement de la Cauallerie, il y fault plus grande diligence & prudence, qu'en l'Infanterie : car ce n'est pas tout vn : (comme sans mon aduertissement tu le peulx entendre) comme aussi on attend plus d'vn soldat a cheual, que d'vn infant : & cestuicy requiert l'experience & science de manier ses armes : mais l'aultre y adioint le gouuernement de son cheual, par la force duquel il obtient la pluspart de ses effects.

En la leuee de l'Infanterie & son gouuernement tu peulx augmenter les compagnies & enseignes, ou diminuer comme il te plaist : Ce qui ne se peult faire aulcunement de la Cauallerie.

Chose qui toutesfois, comme vn moyen tresconuenable, bon & parfaict, n'a esté trop bien obseruè : les compagnies estants dressees sans aulcune consideracion de la qualité ou quantité requise.

La consideracion de la qualité demande, que chascune compagnie a part soy, soit tellement condicionnée, qu'elle ne soit ni trop forte, ni trop foible, desquelles l'vne peche en default, l'aultre en excess : extremitez communes & dommageables a tous bons succes.

La consideracion de la quantité n'estant obseruée, a bien affoibly la Cauallerie en toutes ses parties : car on ne l'a laissee & ses termes, de ce quelle pouuoit prester : mais on luy a imposé beaucoup dauantage : & ce souuent auec telle confusion, que la plus part, mesmes les plus experimentez n'ont pris garde a ce qui estoit de leur debuoir, & ce qu'ils pouuoint effectuer, de sorte qu' ordinairement vn a pris l'vn pour l'aultre : comme si on venoit vers vn tailleur, luy demandant vn pair de souliers, mais en vain.

F 2   Car

Car combien que le tailleur ſcait comment le ſoulier eſt faiſt, ſi eſt ce qu'on l'en tourmente en vain : n'ayant appris le meſtier de cordouannier.

De meſme eſt ſouuent aduenu a la Cauallerie, qu'on a demandé d'elle ce qu'elle pouuoit bien entendre : mais luy eſtoit impoſſible de le mettre en effect.

Or afin qu'auec bonne conſideracion de la qualité & quantité chaſcune partie de la Cauallerie dreſſe ſes compagnies, en ſorte que le moyen conuenable, bon & parfait, qui conduit a bonne & heureuſe fin ſoit obſerué, nous monſtrerons brefuement ce que chaſcune d'icelles en doibt obſeruer & remarquer.

Le Seig: Baſta a eu bonne cognoiſſance du commencement & de la fin de la lance, partie principale de la Cauallerie : & par l'exercice de quarante ans, en a peu recueillir vne ſuffiſante intelligence : mais il s'emble qu'il ne s'eſt trop enquis des moyens pour y paruenir.

Le commencement & origine de ſon inuention eſt procedé de ce qu'on s'enqueroit, comment on pourroit perçer & rompre vn grand & puiſſant eſquadron ſoit de Cauallerie ou d'Infanterie, comme fait neceſſaire pour la victoire auec quelque petit effort. A ceſt effect la lance eſt trouuee propre. Le commencement en eſt bon. Sur quoy on s'eſté enquis par quels moyés on pourroit paruenir a ce bon effect : Chaſcun en dit ſon aduis, & en eſt ceſtuyci d'vne, ceſtuy la d'aultre opinion, chaſcun ſuit ſa fantaſie, & entre tant tous perdent le vray chemin.

Et de foy, voy la confuſion & deſordre deſquels les compagnies des lanciers ont eſté, je ne dis pas gouuernees, mais troubles, ſans la moindre conſideracion de la proporcion & condicion, ni de la qualité ni de la quantité, contre l'ennemy, tant d'Infanterie que de Cauallerie : & principalement deuant qu'on a eüe l'inuention de la pouldre. Ils ont fait les compagnies de 200. 300. 400. & ſouuent dauantage, ſelon leurs fantaſies, ſans conſiderer que 60. ou 50. bien ordonnez & diſciplinez pouuoint donner plus grand effect.

Et en ceſt endroict ce preux & louable Cheuallier George Baſta, par vne longue & quaſi continuelle experience a bien remarqué, que la lance pour donner ſon effect, de rompre & enfonçer les eſquadrons ennemis ne demandoit des gros eſquadrons, qui y donnent plus toſt empeſchement qu'auancement, & ſont pluſtoſt dommageables que profitables : mais n'a point monſtré comment on pourroit obuier a ſemblables defaults ou exceſs : ains les a quaſi du tout reiettees. Dont ſuis bien eſmerueillé quelles en ayent eſté ſes raiſons.

Or paſſons a noſtre traitté, auquel je declaireray, en quel nombre il fault conſtituer les compagnies & eſquadrons de chaſcune partie de la Cauallerie, en ſorte que toute confuſion y ſoit euitee.

CHAP.

CHAP. I.

Des Lanciers, en quel nombre s'en doi-
buent faire les Compagnies.

HASCVNE Compagnie doibt estre tellement condicionnee en tous ses poincts, qu'elle puisse donner effect a ce, pour quoy elle est ordonnee & erigee, & paruenir a sa pretention par bons, louables & conuenables moyens.

Et pour ceste cause le nombre ne sera plus grand de chascune compagnie, pour le plus que de 50. ou 64. lances : je dis pour le plus. Car son vray nombre n'est que de 40. sans les Officiers cy apres nommez.

Ces 60. 50. ou 40. feront aultant ou plus que les 200. 300. & 400. du passé.

Les Officiers de chascune Compagnie sont:

Le Chef ou Capitaine.

Le Lieutenant.

Le Port-enseigne ou Cornette.

Le Furier ou maistre des Quartiers.

Deux Corporals.

Trompettes deux auec les tambours a discretion.

La raison que je ne donne que 40. 50. ou 60. lances a vne Compagnie, affermant qu'elles feront aultant que les grandes Compagnies de 200. 300. ou 400. du passé, sont telles:

Il fault que tous me concedent, que l'experience qu'on faitiournellement est le tesmoing plus asseuré de tout ce que nous pretendons de maintenir.

Or ceste experience nous a monstré & asseuré, qu'vne Compagnie de 40. ou 50. lanciers fait aultant & plus d'effort, que du passé faisoit vne Compagnie de 2. 3. & 4. cents hommes.

Tesmoing sans plusieurs aultres grans & braues cheualliers le Seig: George Basta, qui ayant assisté enuiron 40. ans au gouuernement & maniement de la Cauallerie, en a aussi porté les offices & charges principales, auec soing singulier de remarquer tout ce qui sur ce poinct est de plus remarquable.

Or ce bon & experimenté Cheuallier dit, que de lógue experience

F 3   il a

il a trouué que les lances ne se doibuent ordonner en grans, mais en petis esquadrons, pource qu'on voit manifestement que seulement les deux premieres files peuuent ioindre l'ennemy: & ce encor insuffisamment. De quoy il en adiouste les raisons:

La premiere: a cause de la diuersité des carrieres, esquelles ils ne se peuuent tenir esgaulx.

La seconde: d'autant que les suiuants s'entre-empeschent eulx mesmes en leur desordre: dont pour faire quelque chose, abandonnans leurs lances, desquelles ils ne se peuuent plus seruir, il fault qu'ils se iettent de l'vn ou de l'aultre costé.

Voyci qu'en dit le Seig: Basta, en estant acertainé par vne longue & industrieuse experience de 40. annees: que mesmes les deux files l'vne suiuant l'aultre se donnent de l'empeschement: dont trouue a propos & conuenable, qu'on en face des petites troupes.

Et de fait, celuy qui a, tant soit peu, d'intelligence de la milice, comprend facilement, qu'en grans esquadrons de 100. ou 200. lances, de 3. 4. 6. 8. 10. files ou dauantage, que les premiers donnans leur effect, ceulx du milieu, beaucoup moins les derniers y peuuent paruenir pour effectuer quelque chose.

Car la premiere file donnant son effect, & passant parmy l'esquadron de l'ennemy sans perte; cest assez pour vne, ou pour le plus pour deux files. Mais si la premiere default, ou est reiettée ou soustenue, ou enfoncée par la resistence; les aultres files ne luy peuuent donner aulcun secours empeschez des cheuaulx qui se iettent sur elles.

C'est l'vne des raisons, par lesquelles les Compagnies ne se doibuent faire plus fortes que de 40. 50. ou 60. lances.

La seconde est, que te trouuant en bataille ou escarmouche, ou aultre occurrence entre aultres esquadrons de Cauallerie: te ne peulx estendre le front de ton esquadron non plus que de 20. ou 25. hommes au large: Car aultrement y voulant ranger & ordonner plusieurs esquadrons diuers, il t'y fauldroit auoir vne campagne fort large, pour retenir la bonne proporcion requise en vne armee: chose qui se peult bien effectuer a telle front de 20. ou 25.

Ioint que le plus souuent on n'a telle commodité de la Campagne: ains aulcunes fois on est contrainct de combattre en lieux estroicts & empeschez, de sorte qu'on ne peult auoir le front que de 4. 5. 6. 8. ou 10. pour le plus: & alors certes les grans esquadrons, comme les experts le sçauent, sont plus domageables que profitables.

Pour le quatriesme, j'ay aussi monstré au premier liure de l'art militaire a pied, pourquoy & comment les petites compagnies de 100. ou 80. hommes peuuent faire aultant que 200 ou 300. Ainsi en est il aussi de la Cauallerie, tant plus petites que sont les compagnies, tant meilleur & plus grand en sera l'effect.

Pour le cinquiesme: la mesme experience nous a monstré a l'œil, comme je

me je m'en rapporte au tefmoignage de tous bons & valeureux cheualiers &
foldats: qu'il aduient fouuent, qu'attaquant l'ennemi auec des grandes trou-
uppes de 200.ou 300. hommes ou dauantage, les files du milieu, & beaucoup
moins les dernieres, voyre ne la moytié de la Compagnie, n'ont eu aulcun effect: Et, qui pis eft, voyant que le bain eft trop chaud, & qu'on laue leur compagnons de trop forte leffiue, perdent courage, & commencent a cercher
quelqʒ declin ou retraicte, & ce affez ayfément, par faulte qu'en les grans e-
fquadrons il n'y a affez d'Officiers aux flancs, pour les retenir en debuoir.

Pour le fixiefme, n'eft ce auffi l'vne des moindres raifons de la petitef-
fe des Compagnies: qu'eftant de 200. 300. 400. ou d'auantage: on n'a eu
efgard (comme on fait encor pour le prefent) qu'au nombre tant des cheuaulx que des perfonnes, duquel auffi on s'eft, quand vn l'y trouuoit, con-
tenté. Dont eft prouenu, qu'a grand peine, on eut trouué vn qui s'y fut
prefenté au feruice auec vn ou deux cheuaulx, & principalement la noblef-
fe, & ceulx qui ont quelqʒ pouuoir, y viennent 6. 8. 10. 12. 16. & fouuent 20.
cheuaulx en vne Compagnie. Et pour dire la verité, comme je m'en rapporte a l'experience & tefmoignage de plufieurs braues guerriers, entre
aultant de cheuaulx foubs vn maiftre, iufques a 20. a grand peine fe trouuent
deux ou trois, qui fe foucient de faire le debuoir, quant il eft queftion d'attaquer ou attendre l'ennemy. Et de fait, l'experience le confermé en campagne, bataille ou aultres lieux de meflee, on ne verra en ces grans efquadrons, que les deux ou trois premieres files de bons foldats & bien montez, le refte ne font que feruiteurs apoftez, ou vn tas de vile canaille amaf-
fée de toutes parts pour accomplir le nombre, a bien moindre folde que
leurs maiftres n'en reçoibuent Et de la procede cefte confufion & perte, que
maint bon cheuallier eft contraint d'endurer: qu'ayant en charge vne Cõ-
pagnie de trois ou quatre cents cheuaulx, & en pretendant attaquer l'ennemy, & gaigner honneur & reputacion: il a fenti qu'entre quatre cents il
n'a eu que 50. 40. ou 30. bons foldats faifants leur debuoir; afcauoir ceulx
qui font les maiftres d'aultant des cheuaulx: & quant a ceulx qu'ils y mettent deffus, la plus part (je ne dis pas tous) il y a peu de courage, & voyans
que le potage eft trop chaudement prefenté a leurs maiftres, ils s'en de-
gouftent & n'en demandent pas, & ne cerchent mieulx que d'efchapper en
vne honteufe fuitte.

Pour le feptiefme, c'eft bien la principale raifon de la fufditte peti-
teffe des Compagnies. Et ne me fera contredit de ceulx qui l'entendent, que cent hommes bien armez, dreffez & experts feront
beaucoup plus contre leur ennemy, que trois ou quatre cents
mal inftruicts, mal difciplinez & pis gouuernez: & que la victoire s'incline toufiours deuers ceulx, qui en bon ordre & bonne difcipline, & non en vne multitude confufe attaquent l'ennemy.
Ce que pour monftrer par exemples, il y fauldroit vn grand volume: mais fans en prendre la peine, je n'ay doubte aulcune, que
les bons foldats feront de mon party.

Et comment eft il poffible qu'vn Capitaine, ayant trois ou quatre
cents cheuaulx en charge, les puiffe tous exercer & dreffer comme il appartient? ayant affez affaire pour fix mois entiers d'en dreffer 30. ou 40. felon
l'exigence

l'exigence de la necessité? & combien luy fauldroit il du temps, omettant la peine, pour quatre cent? Chose qui iusques a present n' a pas esté considerée. Ains cecy est ce a quoy on a visé: que l' homme eust vn bon cheual, le corps bien couuert, le compte des troupes entier: & alors on a dit, que c'estoit vne Compagnie bien equippée & bien montée. Mais des bien exercez, bien dressez & experimentez, nulle memoyre. De sorte qu'en vne si belle Compagnie, si bien montée, armée & equippee, on trouuera bonne quantité d'asnes couuerts des peaulx des lions, bien suffisans pour espouuanter les brebis, femmes, enfans, du seul regard de leurs armes: mais a veuë de l'ennemy, jetteront le lion a tous les diables. De fait, on y trouuera des grandes brauades de parolles, des grandes monstres, mais de dexterité au fait de leurs armes, de bien manier leur cheual, & aultres points dont l'ennemy peult estre surmonté & abbatu: pas vn mot. Ce que je dis sans aulcun preiudice du bon soldat, amateur de l' art & discipline militaire: seulement pour ceulx qui sont entaschez de ce brouet, & dignes d' estre ainsi lauez. Ie demeure doncques sur mon aduis, confermé par tant des raisons, & asseuré par tant des tesmoignages des grands & valeureux soldats, & duit par l'experience mesme: Asçauoir qu'vn bon Capitaine fera plus auec 60. bons soldats, chascun homme se presentant pour soy a cheual, sans le meslange des pages ou seruiteurs, qu'vn aultre auec quatre cents: Voyre j' ose dire d'auantage, t'asseurant qu'encor que si bien armez, bien montez (non montez) a l'accoustumée, ils sont facilement & sans grand danger emportez des dits 60. Dont es parties suiuantes tu trouueras plus ample deduction.

Pour la huictiesme, combien des frais seront espargnez pour les bien mesnager ailleurs a l'auantage du Chef General, en accomplissant par cent hommes ce, a quoy on a par cy deuant appliqué quatre cents ou dauantage. Chose qui pouuoit icy estre deduicte; mais je m' en reserue au cinquiesme liure de ce mien traicté.

Et concluray ainsi mes raisons sans doubte auec contentement & satisfaction du lecteur: & si en l' vn ou en l' aultre luy reste encor quelq; scrupule, il luy sera osté ou esclaircy plus amplement en aultre endroict.

Toutesfois deuant de finir ce discours de la Noble Lance, & passer auant aulx aultres parties, je debuois icy descrire les qualitez & charges des Officiers. Mais cecy se fera mieulx en vn aultre lieu, & en general Dont m'en deportant a present, je deduiray icy ce, qui est du debuoir des soldats, tant en particulier qu' en commun, & puis adiousteray ce qui est requis de tous Officiers.

Decla-

Figu: 12.
Parti-
Capi:i.

DECLARATION DE LA
FIGVRE XII.

'eſt vn pourtraiċt d' vne Compagnie de Lanciers, auec tous ſes Officiers, de 64. hommes.
Num. 1. L' eſquadron entier de 8. hommes en
file.

Num. 2. Le Capitaine.

Num. 3. Le ſeruiteur luy portant la lance, auec
aultres pages menans deux cheuaulx de change apres luy.

Num. 4. Les Trompetteurs.

Num. 5. Le Lieutenant.

Num. 6. La Cornette, ou Port-enſeigne.

Num. 7. Comment la file de 8, habilement repartie ils marchent
à quatre en file.

Num. 8. Le Capitaine auec aultres Officiers. qui le ſuuient.

Num. 9. Celuy qui à le ſoing des charriots & de viuandiers.

Num. 10. L'Arriere garde des pages & valets, auec vne Petie ou
cheual de fourrage.

G   CHAP.

CHAP. II.

De la Corraſſe & quantité, ou nom-
bre de la Compagnie.

L A Compagnie des Corraſſes pour eſtre de iuſte quantité doibt, pour le moins, contenir cent hommes.

D' aultant ſa proprieté eſt principalement en ce
qu' eſt bien ioint & ſerré, comme en vn grand corps & ſolide il entre en bataille, & ſon effeċt conſiſte pour la plus
part au ſouſtenir & arreſter la violence ennemye.

Et de fait l' effeċt principal de ceſte ſorte de Cauallerie ſe monſtre aux batailles, eſcarmouches en campagne ou en guarniſon,
au ſouſtien de la charge de l'ennemy, taſchant de rompre, diſſiper & enfonçer les ordres. Lequel ſouſtien, & meſme la recherge, ſe fait en vn gran
corps & ſolide, ou de ſa fermeté & peſanteur elle arreſte la violence tant
d'Infanterie que de Cauallerie de l'ennemy. Or ayant en la partie precedente de ce liure deſcript aſſez au clair la qualité & proprieté de la Corraſſe,
j' eſtime n'eſtre beſoing de m'y arreſter en ce lieu, & te moleſter par vne fade
repeticion des meſmes choſes.

Toutesfois en voyci les Officiers.

Le Capitaine.

Le Lieutenant.

Le Port-enſeigne.

Le Furier.

2 Corporals.

2 Ou trois Trompetteurs.

Decla-

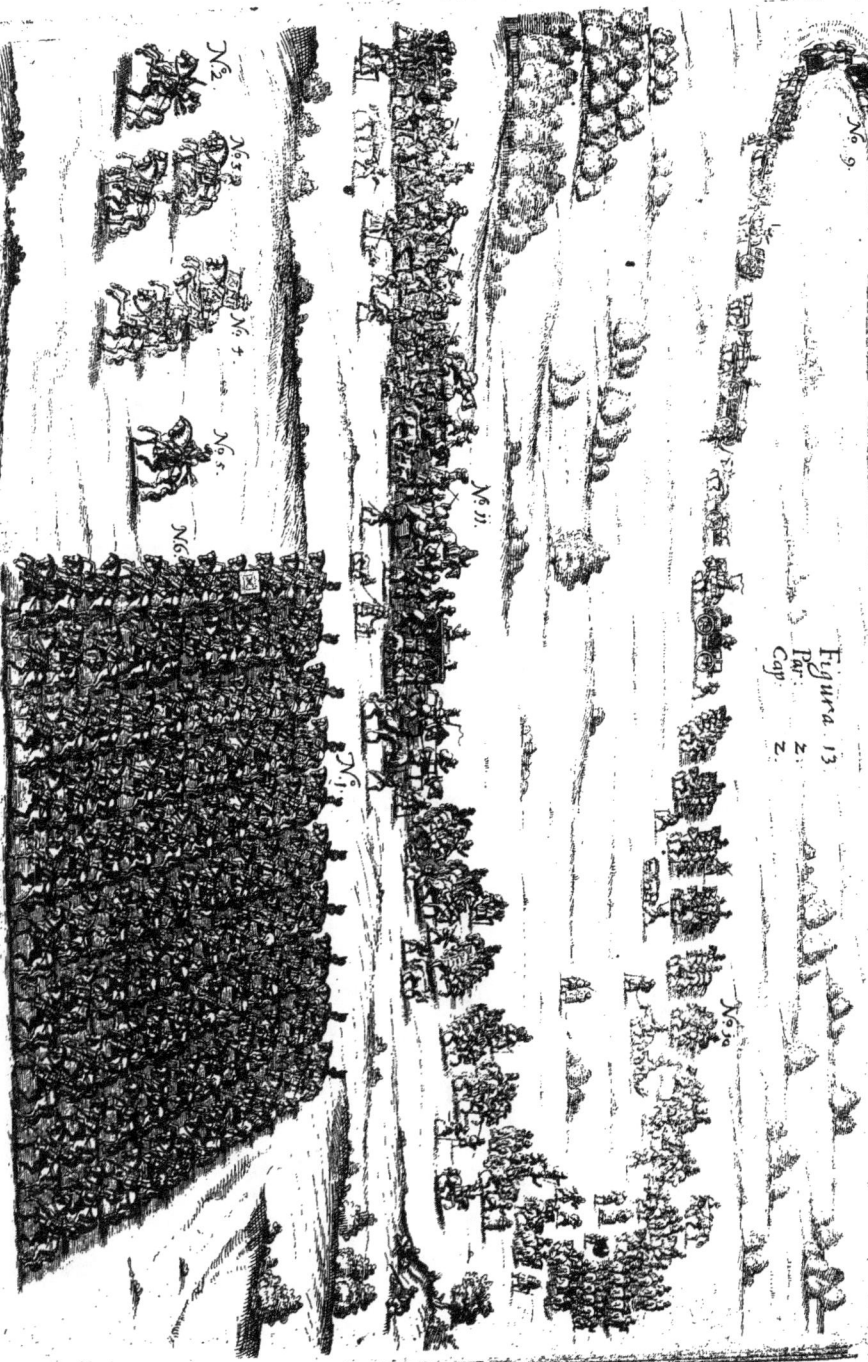

Figura 13

Part. z.
Cap. z.

No. 2
No. 3
No. 4
No. 5
No. 6
No. 7
No. 8
No. 9
No. 10
No. 11
No. 12

DECLARATION DE LA FIGVRE XIII.

E st vn pourtraict d'vne Compagnie de Corrasses de cent hommes.

Num. 1. L'Esquadron ou Compagnie entiere de
10. en file & en ligne.

Num. 2. Le Capitaine.

Num. 3. Les cheuaulx de change qui sont conduits apres luy.

Num. 4. Les trompettes de la Compagnie.

Num. 5. Le Lieutenant.

Num. 6. La Cornette.

Num. 7. Comment a demies files, ascauoir a 5. ils marchent auec
leur bagage.

Num. 8. Les Officiers.

Num. 9. Les Charriots des dits Officiers.

Num. 10. Les Peties ou cheuaulx a fourrage des Corasses, desquels
chascun en doibt auoir le sien.

Num. 11. L'Arriere garde qui si trouue.

G 2   CHAP.

CHAP. III.

Des Arquebufiers, Carrabins ou Bandel-
liers a Cheual, & de la quantité de le-
urs Compagnies.

'AVLTANT que l'Arquebufier produit fon effect en batailles, efcarmouches & aultres occurrences militaires,
en efquadrons larges & ouuerts a peu, & toutesfois affez fortes files : Iln'y fauldra que 50. ou 60. hommes pour le plus pour vne Compagnie, pour faire quelq; chofe.
De forte que leur Compagnies ne fe doibuent faire plus
grandes que celles des lances.

Car en les conduifant contre l'ennemy ; ce qui paffera de 3. 4. 5. ou
fix files au plus fera inutile, & pluftoft dommageable que de profit.

Et la prattique monftre, que la premiere file ayant fait fa charge de
l'arquebus contre l'ennemy, fe retire pour faire place a la feconde, & ainfi des
aultres. De forte que fi tu y as plus de 4. ou 6. files, tu en auras plus d'empefchement que d'auantage. Et voit on par ce moyen, quel'effect principal
de cefte armature confifte en peu & fortes files, comme j' en feray plus ample deduitte en fon lieu.

La Compagnie à les Officiers fuiuants.

Le Capitaine.

Le Lieutenant.

La Cornette.

Deux Corporals.

Deux trompetteurs.

L'Efcriuain des monftres & aultres Officiers, defquels on fe fert auffi
en toutes les fortes de la Caualleric, pouuoint auffi eftre defcripts icy ; mais
n'ayants aulcun commandement fur les foldats, je ne les mets pas en ce lieu :
fans toutesfois prefcrire aux Capitaines, de f'en feruir ou non, en leurs Compagnies a leur plaifir, & les faire tenir bons.

Or icy me femble que j'oy les cris & contredits des ces Efcriuains des
monftres, m'obiectants pourquoy ils ne font contez entre les Officiers, entre
lefquels ie conte toutesfois les trompetteurs, qui font tout defarmez & n'ont
que l'efpee ? A ceulx cy ie refponds, que, Dieu aydant, ie demonftreray amplement comment toutes fciences, arts, prattiques, comme auffi toutes recerches & inuentions militaires tendent a l'offenfiue & defenfiue.

Defquelles

Defquelles chafcune, tant la defence que l'offence, fe faitpar deux fortes de moyens.

Premierement par moyens effentiels : & puis par quelques moyens adioints ou accidentals.

Ces deux fortes font les vrays moyens, par lefquels, comme par cy deuant j'en ay auffi fait quelque mention, tout ce qui en l'art militaire à bon commencement peult paruenir a vne bonne fin. Comme en fon lieu il fera plus euidemment monftré.

De forte qu'en l'art militaire de la Cauallerie, tout ce qu'on defire de conduire a fa fin defirée, y paruent par ces deux fortes des moyens, afcauoir les effentiels, & apres par les accidentals.

Les Effentiels, quant aux commandements, offices, font propres & appartiennent feulemét a ceulx que j'ay nömez, afcauoir Capitaines, Lieutenants &c. Ceulx cy commandent effentiellement aux foldats, premieremét par leur voix, & puis par leur fait au gouuernement, au marcher, combattre, guet, fentinelles & aultres occurrences de guerre, le tout en tel ordre qu'il eft requis en batailles, fieges, impreffions & furprifes, & a main armée de les armes conuenables.

Mais les trompeteurs font des moyens adioints, ou accidentaulx, par lefquels & aultres Officiers les foldats reçoibuent quelque commandement.

Pour meilleure intelligence de cecy, & pour nous approcher de plus pres a la chofe mefme. Le Trompetteur commande par le fon de fa trompette a toute la Compagnie de s' efueiller, fe preparer au marcher, entrer & fortir. Il excite au combat, foit a loifir ou en hafte : de fe tenir prefts. Il commande a homme & cheual d'attaquer fubitement l'ennemy, ou luy refifter conftamment. Il commande & fonne la retraitte. Il commande aux Compagnies efparfes de fe reioindre & reprendre leur rangs. En fomme il à commandement non pas de petite, mais de trefgrande importance, Comme on verrá en fon lieu plus ample deduitte.

Mais je ne trouue aulcune forte de ces commandements en ces Efcriuains des monftres : & ceulx font contraints de reçognoiftre ces commandements adioints ou accidentaulx des trompeteurs : dont a bon droit ils font contez & mis au rang des aultres Officiers : ayants toutesfois efgard aux perfonnes, & aux qualitez & quantitez des charges & offices, qu'ils adminiftrent.

Cependant je prie les Efcriuains des monftres, de ne prendre ce que je dis de male part, & comme s' il eftoit dit a leur preiudice : comme auffi Mefs. les Trompetteurs ne vous enflez pas de ces louanges, car aultrement me donnerez occafion de vous monftrer l'occafion d'abbattre vos creftes, tout ainfi que le paon, quand il voit la laide deformité & faleté de fes pieds.

Des Drageons.

IE debuois icy faire vn chapitre particulier des Drageons : mais d'aultant qu'ils font leur exploiet non a cheual, mais a pied, j'en renuoye le lecteur defireux, de fcauoir leur qualitez, au liure premier, au quel il trouuera
ce qui eft de leur exercice & dreffement. Toutesfois te propofe-
ray icy en la figure 15. vne Compagnie de Drageons auec fes Officiers marchants en campagne : dont tu verras quel eft leur equip
page & armature.

Et comme j'ay monftré chafcune Compagnie apart en fa figure : ainfi
les vois tu en la feiziefme figure a toutes les quatre fortes enfem-
bles. Comme Num. 1. les Lanciers. Num. 2. les Corraf-
fiers. Num. 3. les Arquebufiers : & Num. 4.
les Drageons.

DECLA-

Figura 14
Cap. 3
Par. 2

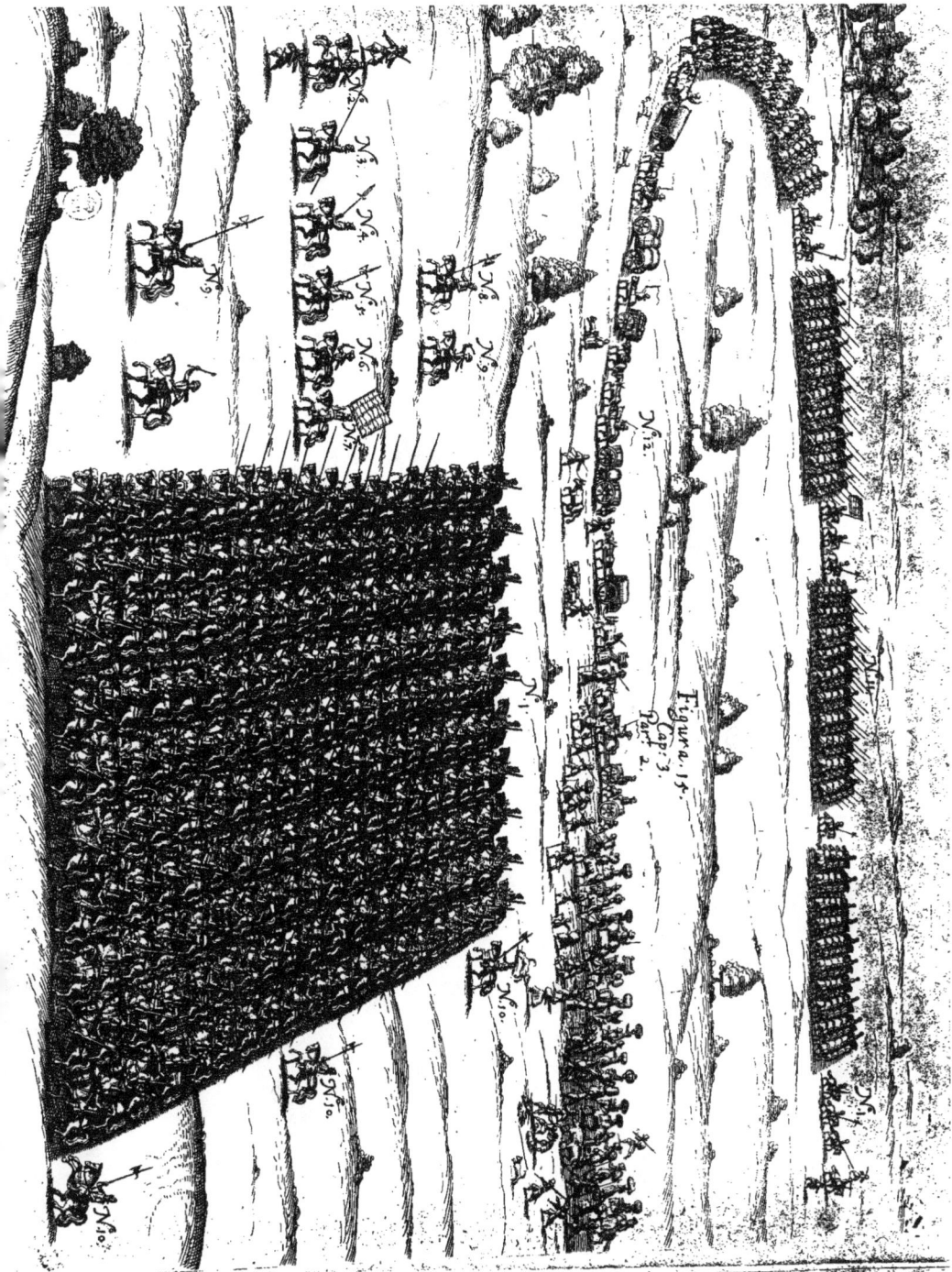

Figura. 15.
Cap: 3.
Part 2.

DECLARATION DE LA
FIGVRE XIV.

Monſtre vne Compagnie d'Arque-
buſiers, & ſa quantité.

VM. 1. La Compagnie ou eſquadron de 64. hommes.

Num. 2. Le Capitaine.

Num. 3. Son ſeruiteur.

Num. 4. Les Trompetteurs.

Num. 5. Le Lieutenant.

Num. 6. La Cornette.

Num. 7. Comment elle marche en Campagne.

Num. 8. Les Officiers qui les precedent.

Num. 9. Leur bagage & arriere garde.

FIGVRE XV.

Vne Compagnie de Drageons.

Num. 1. La Compagnie de 200. hommes, cent Picquiers &
cent Muſquettiers, les picques de dix en file, & 10. en rang.
Au milieu les Muſquettiers es deux coſtez, a cinquante en
chaſcun, ſont dix files a cinq en chaſcune.

Num. 2. Le Capitaine.

Num. 3. Le ſeruiteur portant la picque & aultres armes.

Num. 4. Aultre ſeruiteur auec vne partiſane.

Num. 5. Vn Sergeant.

Num. 6. Le Premier tambour.

Num. 7. Le Port-enſeigne.

Num. 8. Le Lieutenant auec vn tambour, qui conduit les premiers cinquante muſquettiers.

Num. 9. Vn Sergeant, conduiſant le reſte des muſquettiers.

Num.

Num. 10. Les aultres Sergeants & Officiers, comme le Capitaine des armes.

Num. 11. Comme en Campagne ils marchent en bon ordre.

Num. 12. Le bagage & arriere garde.

FIGVRE XVI.

Les quatre Compagnies des quatre sortes de la Cauallerie.

Num. 1. Esquadron de Lanciers de 64. hommes.

Num. 2. Corasses de cent hommes.

Num. 3. Arquebusiers a 64. en l'esquadron.

Num. 4. Drageons, 200. en esquadron.

CHAP

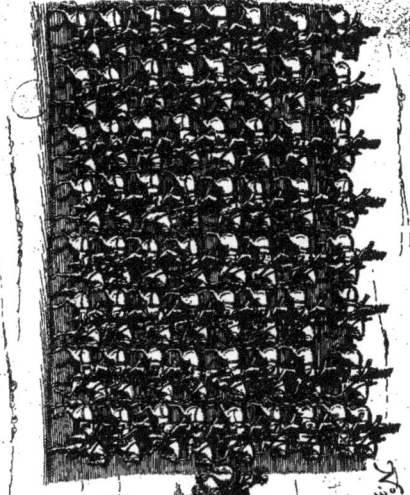

N.1.

N.4.

N.3.

Figu: 16.
Cap: 3.
Pag: 2.

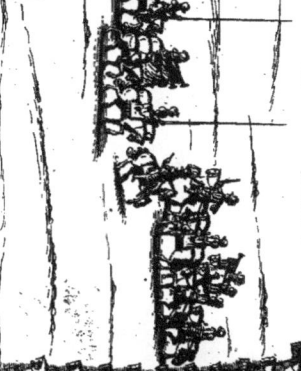

N.2.

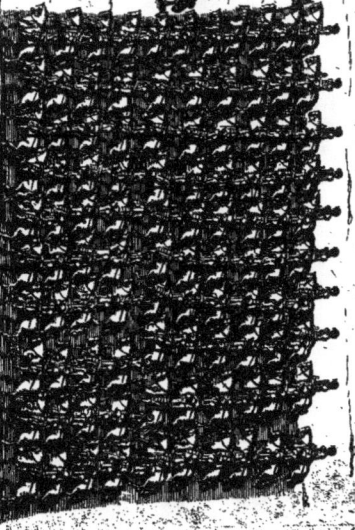

CHAP. IV.

Comment il fault exercer vne
Compagnie.

L n'eſt beſoing de monſtre de quelle importance il eſt pour le Capitaine, d'auoir ſa Compagnie bien dreſſée & diſciplinée : veu que & corps & vie, & honneur & reputacion en dependent, ſans encor, ſelon le ſerment auquel il eſt obligé, le bien & ſeruice de ſon Chef General.

De faict c'eſt le moyen, par lequel on cognoiſt l'affection du Capitaine, & le bout principal qu'il s'eſt propoſé en ſa charge, aſcauoir ou l'acquiſicion & auancement de ſon honneur & reputacion, recommandation de ſa perſonne, auarice, & le bien & ſeruice de ſon chef ſouuerain. Toutes ces effections dis je apparoiſſent en ce poinct de diligence ou negligence, en l'exercice & dreſſement de ceulx de ſa Compagnie.

Car ces deux regles ſont infallibles. Le capitaine pourſuiuant l'honneur & la reputacion, auancement & commendation de ſa perſonne, taſche par tous moyens poſſibles, ſur leſquels il ſonge nuict & iour, d'auoir ſa Compagnie bien dreſſée & diſciplinée, pour non ſeulement auancer le bien de ſon chef, mais auſſi de faire ſelon ſon eſtat & calibre quelq; choſe louable. Et tel Capitaine s'y mettant comme il appartient, ne fauldrá de paruenir au bout de ſes pretencions.

Mais le Capitaine auaricieux cerchant ſes commoditez propres, & ne ſert que pour l'amour de ſa ſolde, n'eſt guere ſoucieulx de ſa Compagnie, pour l'exercer & dreſſer. Ains iour & nuict il ſonge ſur l'accroiſt de ſa bourſe. Et en quelle reputacion on doibuc auoir vn tel Capitaine, nous le monſtrerons en ſon lieu es traittez ſuiuants.

Afin donc que le Capitaine ayt ſa Compagnie bien dreſſée, il exercerá diligemment ſes ſoldats es poincts ſuiuants.

Entrant en Campagne pour ſe mettre ſur l'exercice, il examine premierement ſes ſoldats ou ſa Cauallerie, s'ils ſont bien fournis de toutes leurs armes requiſes, ſi elles ſont entietes & bonnes. Il les recerche s'ils ſont amateurs de l'art militaire, & de la milice : Choſe qui facilement ſe voit au gou-

uernement des dittes armes: fi elles font bien nettes & polies. Puis il leur
imprime bien l'entendement de ces termes fuiuans , pour y obeir promptement.

Se tenir en bataille ouuerte ou ferrée.

Se tenir en bataille ouuerte, fe fait en quatre fortes:

I. En vne diftance commune & ordinaire.

II. En vne diftance duple.

III. En vne diftance triple.

IV. En vne diftance quadruple.

Diftance commune & ordinaire fe dit, quand les foldats e-
ftants a cheual, laiffent quatre pas de diftance a dextre & a feneftre, deuant & derriere. Comme on voit Fig. 17. Num.1.

Diftance duple, quand il y a par tout vne diftance de 8. pas.
Num. 2.

Diftance triple quand il y a 12. pas. Num.3.

Diftance quadruple, quand il y a 16. pas.

Se tenir en bataille ferrée, fe fait en trois manieres.

I. En rangs ferrez & files ouuertes. Fig. 18. Num. 3.

II. En files ferrees & rangs ouuerts Num. 2.

III. En rangs & files ferrez enfemble. Fig. 19. Num.1.

Le Capitaine enfeigne auffi fes foldats que c'eft des rangs
& files, comment des files on fait des rangs, & au contraire des
rangs on fait les files.

Il les enfeigne comment il fe fault tourner.

A dextre.

A feneftre.

A dextre & feneftre.

Doubler les files a dextre & a feneftre.

Doubler les files pour la premiere, feconde, troifiefme fois,
ou aultant que tu vouldras.

Doubler les rangs.

Serrer les rangs par deuant ou par derriere.

Serrer les rangs a dextre, a feneftre, ou à tous deux coftez.

Ouurir les files par deuant ou par derriere.

Ouurir les rangs a dextre, a feneftre, ou a deux coftez.

Serrer les files & rangs enfemble.

Tourner les files a droicte ou a gauche en marchant.

Tourner les rangs a droicte ou a gauche, au marcher.

Se lancer a dextre.

Se lancer a seneftre.

Tous ces poincts font declarez a fuffifance au liure precedét de l'art militaire de l'Infanterie: toutesfois j' en feray icy vn brief raccueil, r'enuoyant du refte le lecteur a ce qui y eft dit.

A dextre.

Voulant que ton Efquadron ou Compagnie tourne fa face vers le cofté dextre, tu vfes feulement de ce mot, a dextre. Et alors il s'y tournera, comme tu vois Num. 5. Fig. 17.

A Seneftre.

Quand il fe doibt tourner vers la main gauche: Voy Num. 6. Fig. 17.

A dextre & feneftre.

C'eft quand tu veulx, que tout l'efquadron tourne fa face vers le lieu, vers lequel au parauant il auoit tourné le dos: qui fe fait en deux manieres; l'vne partie s'y tournant par le cofté dextre, & l'aultre par le feneftre, comme Num. 7. Fig. 7.

Doubler les files a dextre & a feneftre.

Ie t'en ay monftré la maniere de faire, au premier liure en l'Infanterie: & eft vn poinct fingulierement notable & neceffaire en la Caüallerie: l'occafion s'en prefentant es batailles, efcarmouches, furprifes, meslees, & aultres occurrences militaires: & principalement afin qu' eftant en danger d'eftre ferré ou circonuenu de l'ennemy, tu te puiffes promptement defendre: & s'il t'attaquoit trop puiffament, ta front eftant trop foible pour le foufte-nir: tu te r'enforceras par le moyen de ce mot: Et ta Compagnie y eftant bien exercée, tu en fentiras fingulier auantage. L'Efquadron double fe monftre Num. 8. redoublé pour la feconde fois Num. 9.

Doubler les rangs a dextre ou feneftre.

Comme les files font doubles par deuant, ainfi fe doublent & redoublent les rágs par les coftez. Cóme on voit Num. 1. Fig. 18.

Serrer

Serrer les files.

Cecy se fait en la Caũallerie, seulement par deũant: mais en l'Infanterie aussi par derriere. Comme Num. 2. Fig. 18.

Serrer les rangs.

Cecy se fait en deux manieres Premierement a dextre, t'aũançant de ce costé. Secondement a senestre, quand tu te r'astreins de ceste part. Comme tu vois Num. 3. Fig. 18.

Ouurir les files.

Cecy se fait, afin que voulant attaquer l'ennemy, tu eslargis tes files aultant qu'il est de besoing, en sorte que l'vne donne lieu à l'aultre, pour se pouuoir retirer, ou auancer selon le besoing; ou pour se pouuoir couurir l'vne l'aultre. Voy Num. 4. Fig. 18.

Ouurir les rangs.

C'est vne ayde singulierement auantageuse: quand tu veulx tourner le front de ta bataille, tu fais ouurir les rangs, afin qu'elle puisse marcher entre deux vers la queüe: ainsi se fait aussi en aultres occasions. Comme tu vois Num. 4. Fig. 18.

Serrer les rangs.

Cecy est des proprietez de corrasse, de se tenir a files & rangs serrez en bon ordre: mais s'vse aussi aulcunes fois es aultres parties de la Caũallerie. Voy le rang serré Num. 1. Fig. 19.

Tourner les files a dextre ou à senestre en marchant.

Tu te seruiras de cecy en voulant detourner ta bataille: & se fait en deux manieres: a dextre ou a senestre, ou en files ou en rãgs. A files, voy Num. 2. Fig. 19.

Tourner les rangs a droicte ou a gauche en marchant.

Comme il a esté dit des files, ainsi en fait on aussi au rangs, les faiſant tourner a dextre, ou a ſeneſtre ainſi qu'il te plaiſt. Voy Num. 3. Fig. 19.

Se lancer a dextre.

Cecy t' a eſté monſtré au premier liure, auec inſtruction comment il ſe fait. Et eſt vn poinct fort vtile & notable, princi-palement en la Caualerie, qui ſe lance ſouuent, quand il eſt que-ſtion d'inueſtir. Or cecy ſe fait en deux manieres: Premierement a pied ferme, & puis en tournant: & toutes deux a dextre ou a ſe-neſtre. A dextre & pied ferme: quand celuy qui eſt a l'extremité du coſté ſeneſtre, demeurât en ſa place, le reſte de toute l'ordônan-ce, ſe tourne du pied droict, vers le coſté gauche, comme on voit Num. 4. Fig. 19. Ainſi doibt on auſſi proceder au lancer a dextre, a pied mobile & tourné: mais alors tu ne demeures en ta place, ains te tournes en la Compagne a ton plaiſir.

Se lancer a ſeneſtre.

Comme tu as eſté aduerty au lancer a droict, ainſi ſe fault il auſſi comporter icy, en faiſant le contraire quant au coſté qu'on prend, aſçauoir que celuy qui eſt a l'extremité ſe tenant coy, tout le reſte ſe tourne du pied gauche vers le coſté droict. Comme tu voys Num. 5. Fig. 19.

Apres auoir ainſi exercé tes ſoldats és poincts ſuſdits, tu les enſeigneras auſſi a tirer de leurs arquebus par rãgs & files: & auras principalemẽt ce ſoing, aſcauoir qu'ils le facent en files bien ſerrees & eſgales, ſoit au pas, au trot, galop ou carriere: & qu'ayant fait leur charge, ils ſe retirent en carriere a dextre ou a ſeneſtre, vers la queüe de leur cornette, pour ſe preparer a la ſe-conde charge, ſoubs la couuerture & chaleur des files, qui au commencemẽt les ſuiuoint, mais maintenant ſont deuant eulx. Et cecy, il le fault iterer & continuer iuſques a ce qu'ils y ſoyent bien dreſſez, comme tu voys en vne Compagnie d'arquebuſiers en la figure 20. Num. 1. Eſt vn eſquadron de Carrabins, chargeant l'Infanterie ennemie ſe tenant en bataille Num. 2. Icy tu repartiras ta Compagnie en quatre, chaſcune de 16. cheuaulx. La premiere s'auance enuiron 30. ou 40. pas deuant la ſeconde, & les aultres, premieremẽt au galop, puis en pleine carriere pour dôner ſa charge, cõme Num. 3. Et auſſi toſt qu'elle aura faict ſon deuoir, elle ſe tournera a gauche en carriere, l'vn ſuiuant l'aultre, & faiſant ainſi de leur file vn rang, en leur retraitte. Et ſe fait en la maniere ſuiuante: Ayants tous dechargez leurs arquebus, ils tour-nent leurs cheuaulx a ſeneſtre: Le premier ainſi precede, & les aultres ſui-uent ſa piſte, chaſcun en ſon ordre, faiſans ainſi vn rang, qui ſe retire vers la queüe de l'eſquadron, ou dés aultres files qui le ſuiuent en meſme ordre & diſtance, & ſe retirent en meſme ſorte comme tu vois Num. 4. Et par ainſi

H 3   toutes

toutes les files se font place l'vne a l'aultre, pour pouuoir iouer de leurs armes: comme on voit Num. 5. Et durant ceste retraitte ils se preparent pour
retourner a la charge en leur tour. Et cecy s'appelle vne charge par files.

Mais voulant charger l'ennemy par rangs: Tu ordonneras ton esquadron en quatre rangs, Num. 6. contre l'ennemy Num. 7. Et le voulant
attaquer au flanc, tu feras semblant de vouloir passer oultre de ce costé: mais
estant paruenu a l'endroit, ou tu luy veulx faire la charge, tu les feras passer
en carriere, non les cheuaulx, mais seulement leur corps tournez vers l'ennemy, donnans feu contre luy, comme Num. 8. Ce qu'ayants fait, ils se lancent a gauche, pour faire place a ceulx qui les suiuent, se retirans aussi vers
le dos de leur esquadron, come Num. 9. Iusques a retourner a leur premier
lieu, & faire leur seconde charge: Num. 10. Or comme la charge se fait
par ce moyen a senestre, ainsi se fait elle aussi a dextre, changé seulement
la maniere de se lancer selon l'opportunité. Et regarde que toutes les trois
sortes de Cauallerie soyet bien exercees en ces poincts, estants de tresgrande importance & pour toy & pour tes cheuaulx: ainsi que verras cy apres.

Tu dresseras aussi tes soldats au carracol, qui est en detour de la place
ou tu te tenois, pour laisser passer la furie de l'ennemy, qui t'y pensoit charger: & se fait ou en personnes singulieres, ou en esquadrons entiers. Comme
tu vois Fig. 21. Or on s'y met en la maniere suiuante.

Estant en campagne & prest au combat: tu tiendras ta Compagnie en
bon ordre & bien vnie. Et voyant que l'ennemy s'auance pour te charger,
tu feras que ta Compagnie se detourne ainsi vnie qu'elle est, a dextre ou a
senestre (selon que de ton ennemy te sera donnée l'occasion) de la place ou
elle se tenoit vers vn aultre costé: de sorte que l'ennemy se prenne a la place
vuide. Et t'appercebuant de luy auoir donné assez de place au passage, tu
te ietteras, faisant tourner ta Compagnie subitement contre le flanc d'iceluy: comme tu vois Num. 21. Fig 21.

Num. 1. est la premiere place, ou tu attédois l'ennemy: qui te
voulant charger, Num. 2. tu te retires, faisant vn carracol de ton e-
squadron vers la dextre. Et ayant donné lieu au passage, ton esquadron se tourne, le chargeant au costé (voy Num. 3.) Et comme tu
fais le carracol a dextre, ainsi le fait aussi a senestre, comme Num.
4. Qui est la place, ou l'ennemy te pretendoit charger en carriere:
mais comme tu voys Num. 5. il prend la place vuide cependant.
Num. 6. tu tournes ton esquadron vers la senestre, chargeant l'ennemy au flanc.

On fait aussi le detour d'vne aultre maniere, auquel tu peuls
prendre l'ennemy au deux flancs, Comme on voit en la figure ad-
iointe. Num. 7. est le lieu auquel tu te tenois contre l'ennemy: mais
aussi qu'il se prepare pour te charger, tu ouures ton esquadron, qui
se separe a dextre & a senestre, luy donnant place pour passer par
le milieu: & entré qu'il est au milieu, tu le charges des deux moy-
tiez

tiez de ton esquadron 8.8. a tous deux costez, le serrât entre deux. Comme tu vois Num. 9.

Ceste maniere est la plus propre & facile, moyennant que les soldats y soyent bien dressez.

Aussi y ail encor vne aultre sorte de carracol, qui se fait des troupes lancees a dextre ou a seneftre. A dextre, quand l'ennemy te chargeant, tu quittes ta place comme il a esté dit, & faisant tourner ton esquadron quelq; peu a seneftre, tu le lances derechef a dextre, te iettant sur luy de cë costé. Comme tu vois Fig. 22. Num. 1. Est ton esquadron caracolant premierement a dextre, pour se detourner de l'ennemy Num. 2. puis se lançant a dextre, & chargeant ainsi l'ennemy, en pleine carriere. Et cecy s'appelle le carracol a dextre. A seneftre se fait, quand declinant de ta place vers la seneftre, l'esquadron de là se lance vers la dextre. Num. 3. pour se ietter sur l'ennemy Num. 4. Et icy te peulx tu derechef seruir de la sorte monstrée en la Fig. 21. L'esquadron reparti, & puis l'vne de parties lancée a dextre l'aultre a seneftre Num. 5. & 6. Sur l'ennemy Num. 7. par derriere.

De ces poincts, tes soldats y estant bien dressez & exercez, tu en auras non seulement des grans auantages, mais aussi declineras maint grand danger. Car, comme on voit bien clairement, quand vn esquadron de l'ennemy t'attaque en ordonnance serrée, il fait sa charge ou en galop, ou en carriere: cependant tu ne te bouges, sinon que peu a peu tu te detournes de ta place a dextre ou a seneftre, & luy fais puis teste au lieu auquel il ne pensoit. Ioint que tu ayant quitté ta place: il fault que l'ennemy y passe sans effect: ou se voulant tourner vers toy, il perd la force de sa carriere, & par consequent de sa charge, qu'il te pensoit faire, oultre la defaitte de son ordonnance: de sorte qu'il te vient ioindre en grand desordre & confusion: & tu demeures cependant en bon ordre, pour le recebuoir & souftenir brauement.

DECLA-

DECLARATION DES
FIGVRES DV QVATRI-
ESME CHAPITRE.

E N la Fig. 17. tu vois comment se fait l'exercice de la Cauallerie, par l'exemple d'vne Compagnie d'arquebusiers de 64. hommes.

Num. 1. Distance commune.

Num. 2. Distance duple.

Num. 3. Distance triple.

Num. 4. Tour a dextre.

Num. 5. Retour a dextre.

Num. 6. Retour a senestre.

Num. 7. Retour a dextre & a senestre.

Num. 8. Les files doubles a dextre ou a senestre.

Num. 9. Redoublees pour la seconde fois.

Figura 18.

Num. 1. Les rangs doublez.

Num. 2. Les files serrees.

Num. 3. Les rangs serrez.

Num. 4. Les files ouuertes.

Num. 5. Les rangs ouuerts.

Figura 19.

Num. 1. Files & rangs serrez.

Num. 2. Files tournees a dextre ou a senestre au marcher.

Num. 3. Rangs tournez a senestre ou a dextre au marcher.

Num. 4. Se lancer a dextre.

Num. 5. Se lancer a senestre.

Figura

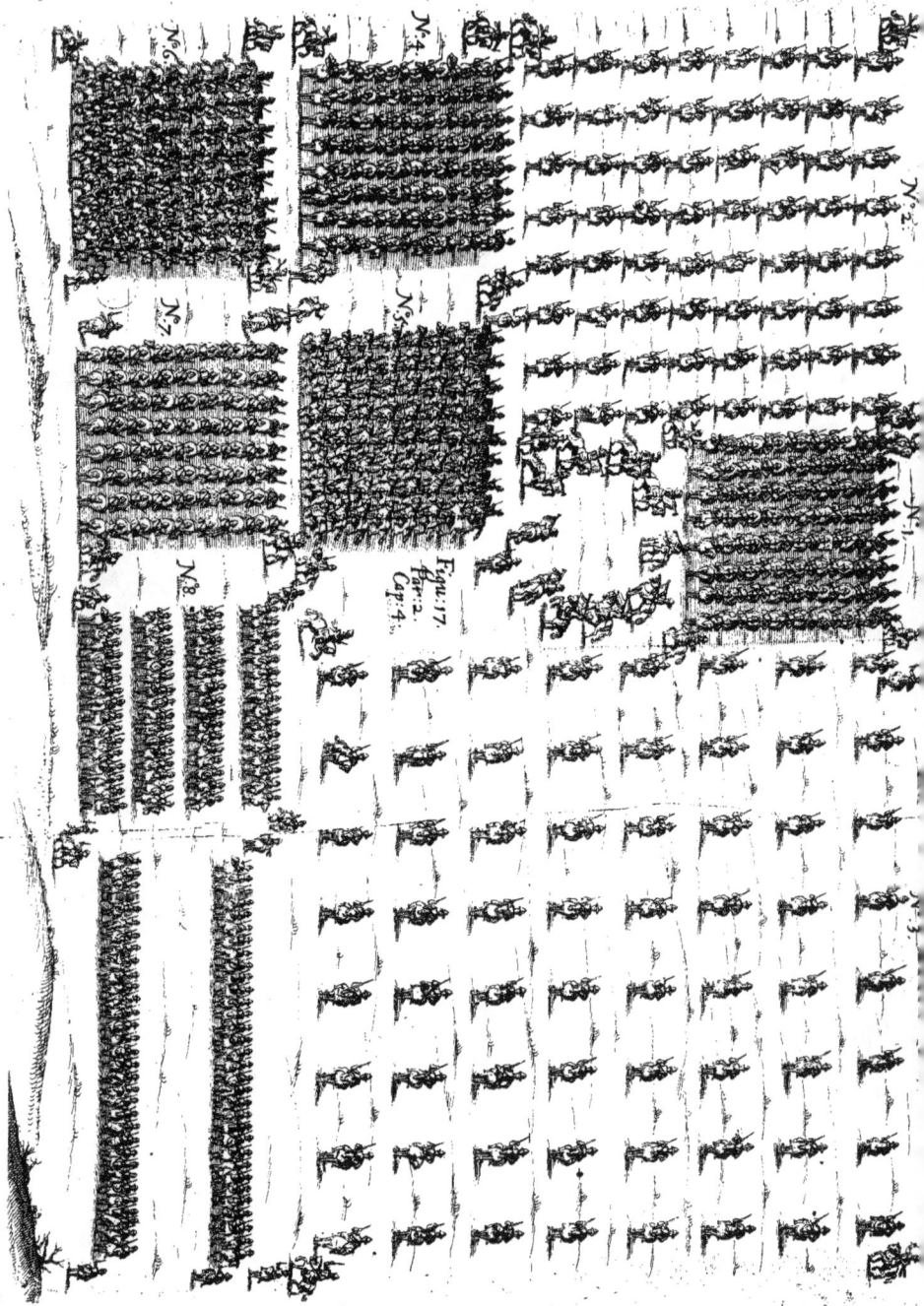

Figu: 17.
Par: 2.
Cap: 4.

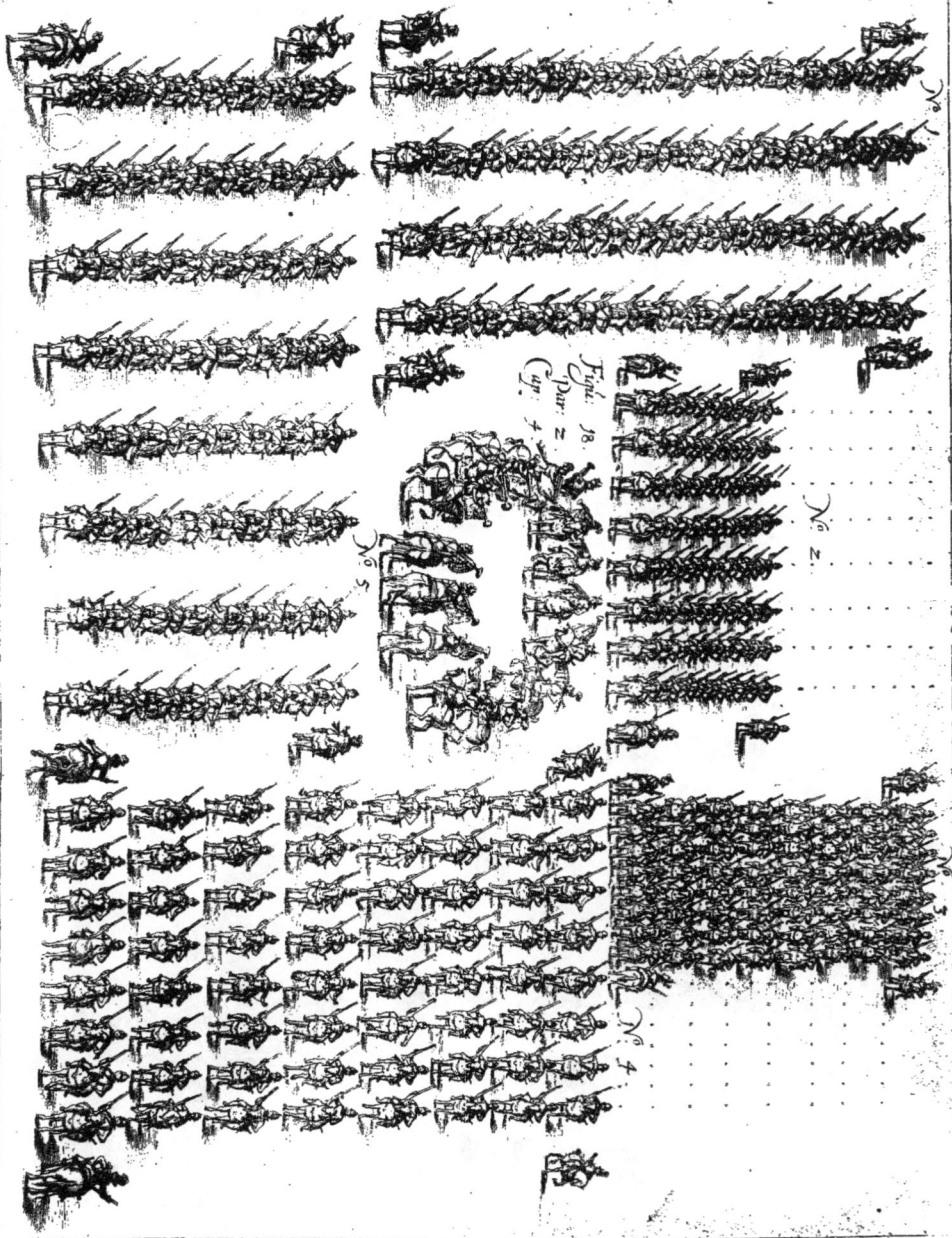

Figu: 18.
Part: 2
Cap: 4.

Nº 1.

Nº 2.

Nº 3.

Nº 4.

Nº 5.

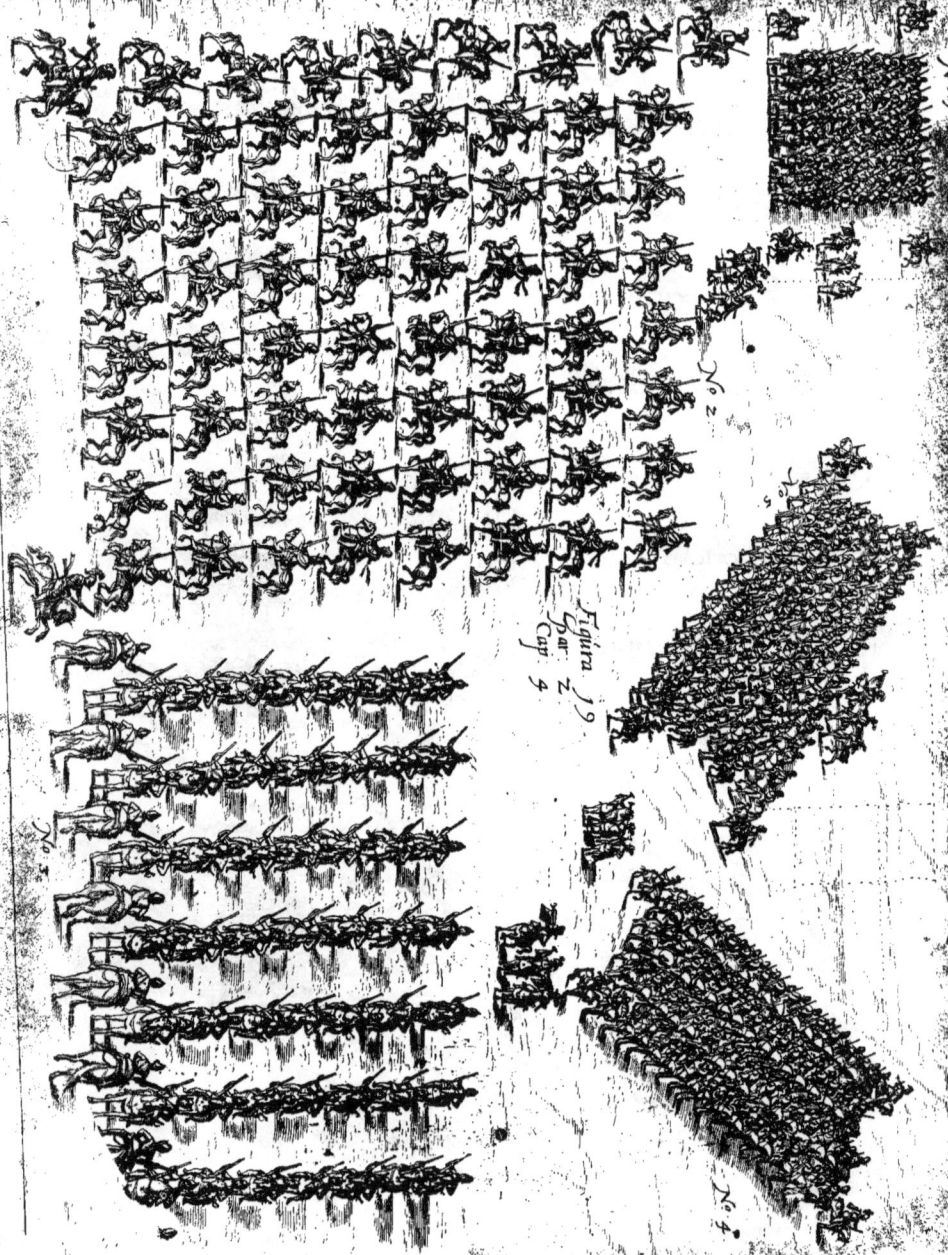

No. 1

No. 2

No. 3

No. 4

No. 5

Figura 19.
Par. 2
Cap. 4

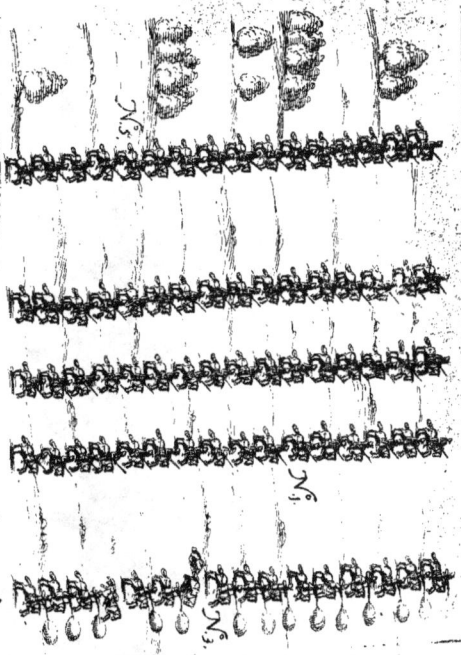

Figu: 20.
Cap: 4.
Part: 2.

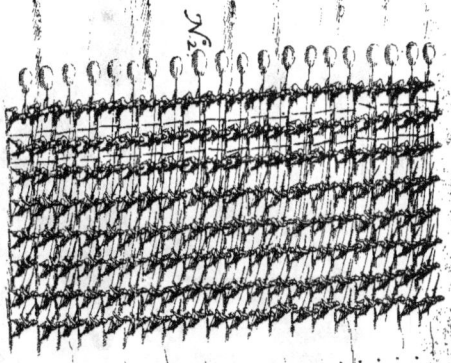

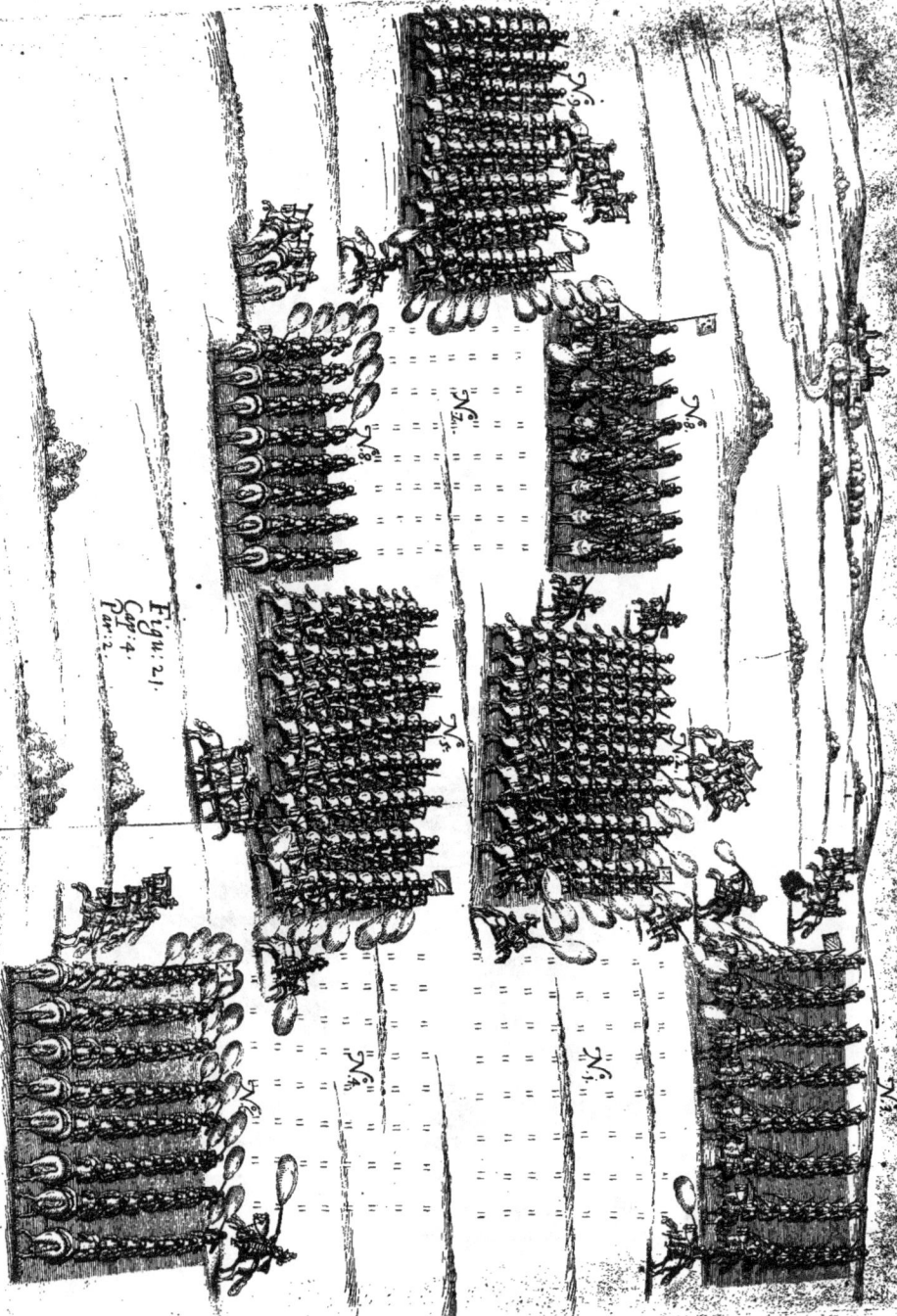

Figu: 21.
Cap: 4.
Par: 2.

Fig. 22.
Pag.
Cap.

Figura. 20.

Monstre comment il fault attaquer l'ennemy en files ou en
   rangs.

Num. 1. Est vne Compagnie de Carrabins,qui doibt combattre enuiron 200. Infants , Num. 2. en pleine campagne.

Num. 3. La premiere file,qui enuiron a 20,ou 30. pas tire en carriere contre l'ennemy.

Num. 4. Ayant tiré,ils font de leur file vn rang,se tournants a senestre pour donner place aux suiuants.

Num. 5. Ayans rechargé leurs arquebus en carriere,se remettent
   a la queüe de leur esquadron.

Num. 6. Vne Compagnie d'arquebusiers,qui en rangs prennent
   l'ennemy au costé.

Num. 7. La troupe ennemie qu'il va attaquer.

Num. 8. Le premier rang donnant feu sur l'ennemy.

Num. 9. Le dit rang apres sa decharge se reculant & rechargeant
   ses arquebus.

Num. 10. Se remet en sa premiere place.

Figura 21.

Monstre les carracols des Esquadrons en batailles & escarmouches.

Num. 1. Est ta premiere place.

Num. 2. Est l'ennemy qui te vient charger.

Num. 3. Le carracol que tu fais de ta place vers le costé droict,
   pour de la te lancer cótre le flanc de ton ennemy,en carriere.

Num. 4. La seconde place.

Num. 5. L'ennemy faisant sa charge.

Num. 6. Carracol de ton esquadron vers la senestre.

Num. 7. La troisiesme place.

Num. 8. 8. Ta trouppe diuisée,faisant place a l'ennemy pour entrer entre deux.

Num. 9. L'attaquent de tous deux costez.

Figura 22.

Les destours ou carracols à troupes lancees à dextre ou a
   senestre.

I   Num.

Num. 1. Ton Esquadron carracolé a dextre, puis tourné a fene-
     stre, pour de lá se lancer a dextre contre l'ennemy Num. 2.

Num. 3. Ton Esquadron carracolé a seneftre, puis tourné a dex-
     tre, pour de lá se lancer a seneftre sur l'ennemy Num. 4.

Num. 5. Se lancer a dextre, & prendre l'ennemy par la queüe.

Num. 6. Comment se lancer a seneftre pour mesme effect.

Num. 7. L'ennemy, qui chargé par derriere d'vn esquadron di-
     uisé, se veult tourner pour sa defense.

Troi-

Troifiefme partie.

DES BATAILLES, COM-
MENT LES COMPAGNI-
ES Y DOIBVENT ESTRE
ORDONNEES.

OVR faire quelque chofe contre l'ennemy, eft
fingulierement requis, que ta Compagnie foit
bien inftruitte, comment elle fe doibt comporter es batailles & efcarmouches, de faire fes charger, d'attaquer, percer, enfoncer, & faire fa retraitte : poincts qui importent non feulement de
ton honneur, mais auffi defquelles depend la vie de toy & de tes
foldats.

Dont pour en auoir quelque adreffe, j'en deduiray les moyens de chafcune partie de la Caualerie, en l'ordre auquel nous
en auons parlé par cy deuant.

CHAP. I.

Ordonnance d'vne Compagnie
de Lances.

OVR bien ordonner vne Compagnie de lances en bataille,
pren garde que jamais tu ne pofes plus de deux files, pour attat-
quer; affeuré, que non feulement la troifiefme, quatriefme, &c.
te fera pluftoft dommageable que profitable : mais auffi mefme la feconde ne paruienta peine au quart de fon effect requis. Et s'il eft

ainſi qu'en vne bataille la ſeconde file fault de ſa pretencion ; que ſerá ce de la troiſieſme, quatrieſme, cinquieſme, comme on en a vſé iuſques a preſent? Et qu'il ſoit treſueritable ie t'en monſtreray les raiſons & eſpreuues.

La premiere file chargeant l'ennemy de ſa lance, ne prend ſa reſolucion de ſon fait, aſcauoir de la preſenter a l'homme ou au cheual, ſinon quand elle commence ſa carriere. Choſe qui n'eſt concedée a la ſeconde file, la premiere luy oſtant la veüe, tellement qu'elle ne peult veoyr quelle commodité ou occaſion luy pourroit eſtre donnée, de l'homme ou du cheual, deſquels ou l'vn ou l'aultre, ſelon l'inſtruction donnée deſſus, doibt eſtre cerché.

Pour le ſecond, en eſt le choc auſſi incertain, ſe faiſant en meſme haulteur & par le flanc de la premiere, a l'aduenture de toucher ou de faillir.

Pour le troiſieſme, les cheüaulx de la premiere file, la retiennent, luy rompent la vigeur de ſa courſe: de ſorte qu'elle ne peult ioindre l'ennemy auec la force requiſe.

Pour le quatrieſme, s'il y a quelques cheuaulx de la premiere file bleſſez ou aultrement tombez par terre: la ſeconde file auſſi en eſt empeſchée de ſon effect, eſtant contrainte de paſſer par deſſus: choſe qui ne ſe fait ſans danger, comme on voit, pource qu'vn cheual tombant, les aultres s'en retirent. Et combien que tu paſſes, s'y pers tu toute la force de ton coup.

Pour le cinquieſme, y a il auſſi ceſt inconuenient, que la premiere file ayant rompu ſa lance ſur l'ennemy, ſans effect, de percer l'eſquadron d'ice luy, preſſé de la ſeconde qui luy eſt ſur le dos, ne ſe peult retirer ne a dextre, ne a ſeneſtre, beaucoup moins en arriere: De ſorte que la ſeconde file bien ſouuent eſt plus dangereuſe a ſes compagnons, que l'ennemy meſme. Choſe remarquée de pluſieurs bons Capitaines.

Deſquelles raiſons on voit a l'oeil, comment la ſeconde file non ſeulement perd vne grande partie de ſon effect pretendu, mais auſſi peult reuſſir au danger de ſes compagnons: Et ſeroit bien le plus ſeur, de n'y admettre non plus qu'vne ſeule file: Contre l'opinion de Baſta, enſeignant qu'il fault ordonner les lances en petits eſquadrons de 25. hommes, ſerrez comme en vn neud: en laquelle il ſe contredit ſoy meſme. Comme de fait, ſi on regarde les fondements, c'eſt vne faulte & contradiction manifeſte, ſelon les eſpreuues & raiſons deſſus poſées: renuoyant le lecteur a la conſideration des abſurditez & contrarietez, auſquelles le dit Baſta s'enueloppe en ſon traitté.

Car tantoſt, dit il, qu'il fault ordonner les lances en petites troupes & de peu de files: voyre de nó plus de deux; y adiouſtant les raiſons & motiues aſſez propres & ſuffiſantes: Tantoſt dit il derechef, qu'il les fault ordonner en petits eſquadrons, de cinq files ſerrées en vn neud. Ou je me rapporte au iugement du lecteur, s'il n'y a vne contradiction trop manifeſte.

Mais me dira on: Ou trouuerá on vne campagne aſſez ſpacieuſe ou ample pour tel ordre? Car mettant 50. cheuaulx en vne file, tu trouueras vne grande eſpace empeſchée. A quoy je reſpons, qu'il ſe fault touſiours regler ſelon la commodité du lieu, auquel on doibt mettre les lances en œuure, & ordonner les eſquadrons ſelon icelle: Et n'y aurá lieu, auquel tu ne puiſſes mettre, 3.4.5.6.7.8.10.11.15.18.20.&c. en file, ſelon l'occaſion ſe preſenterá de batailler: mais a condicion, que tu ne ſerres deux files enſemble, ains y laiſſes la

ses la distance de 20. ou 30. pas entre deux, afin que la premiere faisant faulte , ayt place suffisante pour sa retraitte. Qui est vne consideracion tresne-
cessaire, ascauoir que la premiere file, quoy que forte & puissante, pouuant
estre repoulsée par l'ennemy sans paruenir au bout de son dessein, se puisse
commodement retirer : & icelle retirée , la seconde chargera le mesme
lieu; & puis la troisiesme ou quatriesme, iusques a ce que ton effect soit ac-
comply.

Voy sur cecy la figure 23. Num. 1 Est vn esquadron de lances a 8. files &
rangs serrez : ou tu verras facilement le peu d'effect s'il attaquoit l'ennemy
en ceste forte. Ce qui se cognoist mieulx Num. 2. en deux files ; desquelles
la seconde ne peult ioindre l'ennemy auec effect de sa lance , a cause des
faultes dessus dittes. Num. 3. Est vne Compagnie de lances , qui charge
l'Infanterie ennemye : ou tu peulx remarquer aussi le mesme , ascauoir que
la premiere file estant repoulsée , la seconde ne peult ioindre l'ennemy,
ayant, par ce qu'elle est contrainte de passer par dessus les cheuaulx de ses
compagnons, les lances trop haultes. Num. 4. Comment attaquent l'ennemy en bon ordre & distance requise pour
la retraitte Num. 1. La premiere file ayant fait sa
charge, se retire en carriere, pour se re
ioindre a la queüe de son
esquadron.

I 3   CHAP.

CHAP. II.

I'Ay monſtré es diſcours precedens, que c'eſt de la proprieté de la lance de combattre en petits eſquadrõs, & d'y produire ſes effects.

Or afin que tu entendes mieulx ce que je veulx dire, & voyes comme en vne experience, que par ſemblables eſquadronceaulx, aſſiſtez toutesfois tant de leurs Officiers, que du reſte de la Compagnie en la maniere ſuſditte, encor qu'elle ne ſoit que de 40. teſtes, tu feras tout aultant, & plus de ce que du paſſé, & encor de preſent on feroit auec 300. ou 400. Ie te monſtreray (choſe qui de pluſieurs n'a peu eſtre remarquée) comment auec vne Compagnie, ou pluſieures tu te defendras de ton ennemy, qui t'eſt eſgal ou qui te deuance en forces.

Et pour ce faire, il te fault auoir eſgard a ces poincts ſuiuants.

Premierement ſi tu as affaire a des lances ſeules, ou bien s'il y a de la Cauallerie & Infanterie, ioincts chez l'ennemy.

Secondement, en quelle maniere tu doibs ordonner ta bataille, auec aultres ſortes de Cauallerie & Infanterie iointe.

Tiercement, ſi ton combat eſt offenſif ou defenſif: ou ſi tu vas cerchant l'ennemy, ou bien ſi l'ennemy te cerche: car en chaſcun endroit il y fault vne maniere particuliere de bataille.

Si ton ordonnance eſt defenſiue contre aultres lances, qui te ſont ou pareilles, ou te ſurpaſſent en force: Lors tu y as deux moyens ou manieres de te ranger.

L'vne en ordonnance ouuerte.

L'aultre en ordonnance ſerrée.

La defençe en ordonance ouuerte ſe fait, quand bien reſolu tu rencontres l'ennemy auec petits eſquadrons repartis, en pleine carriere: Comme tu en vois deux exemples. Num. 1. Fig. 28. & 24. Auec vne Compagnie : & Num. 2. Fig. 24. Auec pluſieurs Compagnies.

La defence en ordonnance ſerrée, á deux poincts a remarquer.

I.   Si tu peulx eſtre attaqué en rond ou de toutes parts.

II.   S'il y a quelq; petit auantage, dont tu te puiſſes ſeruir.

Craignant d'eſtre chargé en rond ou de toutes parts: lors tu te mettras en bataille ronde ou quarrée, dos contre dos comme tu vois Fig. 24. Num. 3. auec vne Compagnie ſeule, & Num. 4. auec quatre Compagnies.

Mais

Mais fi tu n'es en ce danger, tu te renforceras le plus de la part dont tu attens d'estre attaqué.

Si tu es en poinct de defendre resoluement en ordonnance ouuerte: tu regarderas deuant toutes choses fi ton cheual est reposé & bastant, ou s'il est encor las du voyage, dont tu prendras auis de le faire, ou de t'en deporter.

Car si tu estois attaqué, ton cheual estant las & maltraitté : il ne te seroit aulcunement a conseiller de te defendre en ordonnance ouuerte, ains bien serrée : Et y á grande difference de se defendre en carriere, ou en galop, ou en catracol, & a pied ferme: cecy se faisant, quand les cheuaulx sont las & harassez ; l'aultre quand ils sont refraichis & reposez.

Tu te peulx aussi ayder d'vne aultre defence a ordonnances serrees: afcauoir que te serrant dos a dos ; quand l'ennemy qui aussi est des lanciers te charge, tu le rencontres de tes esquadronceaulx en carriere : comme tu vois Fig. 25. Num. 1. Ton esquadron, qui delaissant sa premiere place, se tourne caracollant en la campagne, pour sa defence contre la charge de l'ennemy, comme tu vois Num. 2. de la ditte figure.

Aye bon esgard que tes esquadrons ne soyent ordonnez l'vn derriere l'aultre : ains en telle sorte, qu'il y ayt tousiour assez de distance entre ceulx de deuant, que ceulx de derriere y puissent passer entre deux : De quoy nous parlerons encor en la quatriesme partie, & se voit Fig. 24. Num. 2.

CHAP.

CHAP. III.

I d'vne Compagnie de 60. Lances, tu veulx attaquer vne troupe de 100. Corraſſes ou dauantage, tu ordonneras pour les rompre & enfonçer ta bataille en la maniere ſuiuante. Reparty tes lances en huiſt parties, comme Fig. 26. Num. 1. deſquelles tu iras trouuer les Corraſſez vnies & ſerrées en vn corps: Comme tu vois Num. 2.

Charge d'vne file de tes lances le coſté droiſt, de l'aultre le gauche, de la troiſieſme la queüe des dittes Corraſſes: qui eſtant ainſi attaquees de ces trois coſtez, ſeront contraintes de ſe mettre en defence: & pour ce faire il leur ſerá force de diſſouldre eulx meſmes, non ſans ton grand auantage leur bonne ordonnance.

Car elles ſe tournent vers les coſtez aſſaillis, voyla deſia, deuant de leur faire aulcune force leur corps deſuni. Or ayant ainſi enuoyé les dittes trois files a cercher ou eſſayer l'auenture de leur effeſt, & y voyant, peult eſtre l'vne ou toutes trois qui n'on vient a bout, ou aux flancs ou a la queüe, tu y enuoyeras, icelle s'eſtant retirée, trois aultres fraiſches des cinq que tu auois en reſeruè, contre les meſmes endroiſts, eſquels le commencement eſt deſia fait, & ſerá la defaitte ſans aulcune doubte plus facile. Et de fait les chargeant ainſi de tous coſtez, tu ne peulx faillir de les enfonçer, ou pour le moins de rompre leurs ordres, ſoit qu'elles reſiſtent, ou non. Car ſi elles ne font reſiſtence, la nature meſme le monſtre qu'il fault qu'elles ployent: & ſi elles ſe mettent ſur la defence, elles ſe desfont d'elles meſmes, en ſe tournant & mouuant vers les coſtez aſſaillis.

Or a cecy on pourroit repliquer: Eſtant attaquè en ceſte ſorte, on pourroit ſerrer les corraces en vne ordonnance ronde, dos contre dos, de ſorte que de quelconque coſté qu'on les vouluſt charger, elles monſtraſſent vne front. Mais j'y reſpons: que te voyant ſerré en vne telle ordonnance ronde, tu ne ſerois chargè ainſi de tous coſtez: ains d'vn flanc, auquel certes alors tu te trouuerois trop debile pour tenir bon, & ſerois auſſi facilement defait.

Tu vois donc quelle eſt l'operacion de la lance: & comment auec la moytié des gens, tu peulx attaquer, enfonçer, & emporter les corraces: choſe de laquelle les Corraſſes ne ſe peuuent aulcunement louer ſur les lances.

Eſtant d'aultre part contraint de combatre ou te defendre des Corraſſes, tu prendras garde a ces deux poinſts.

Si

[...] par cy deuant se sou-
[...] aual, & auec plus de
[...]

[...] des lances io-
inte [...] a la [...] peult faire quelq;

Num. 3. [...] en ordonnan-
ce [...] la premiere [...] les lances [...]

Num. 4. Comment [...] ennemy en ordōnance
ouuerte, en laquelle [...] son exploict,
fait place aux [...]

Num. 5. La [...] peult ai-
[...]

Num. 1. Comment vne Compagnie des lances se doibt tenir en
bonne distance a l'offensiue.

Num. 2. Comment 4. Compagnies doibuent estre ordonnees a
l'offensiue.

Num.3. Comment vne [...] Compagnie s'ordonne a la defensiue.

Num. 4. Comment 4. Compagnies sont bien ordonnees a la defence.

Figura [...]

Num. 1. Quatre Compagnies deslances ordonnees a la defensiue,
sont chargees de quatre aultres Compagnies Num. 2 Mais
en la rencontre, quittant la defensiue, s'opposent a l'ennemy en l'offensiue.

Fig.

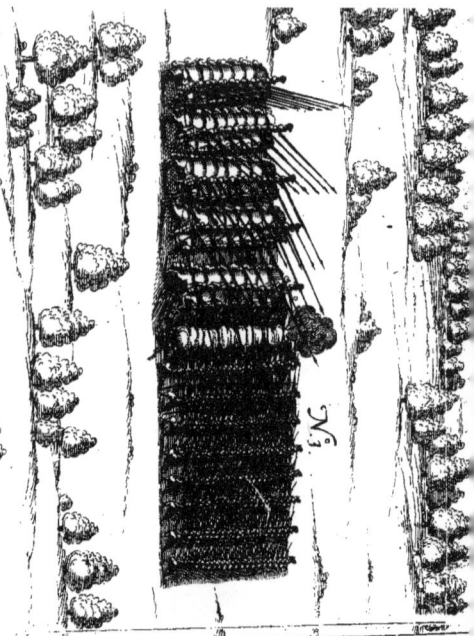

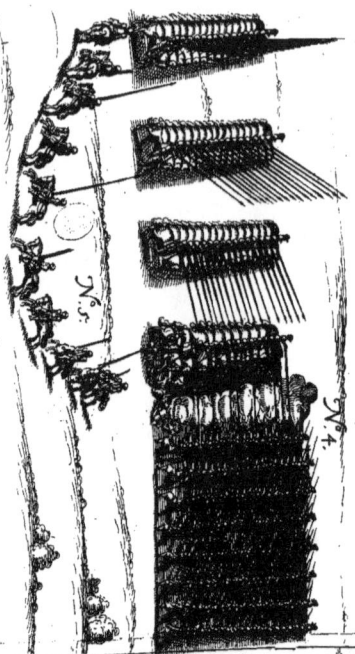

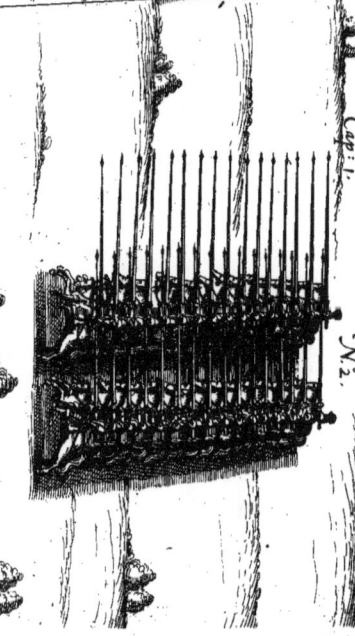

Figura. 23.
Part: 3.
Cap: 1.

N°. 1.

N°. 2.

N°. 3.

N°. 4.

N°. 5.

Figu: 24.
Par: 3.
Cap: 2.

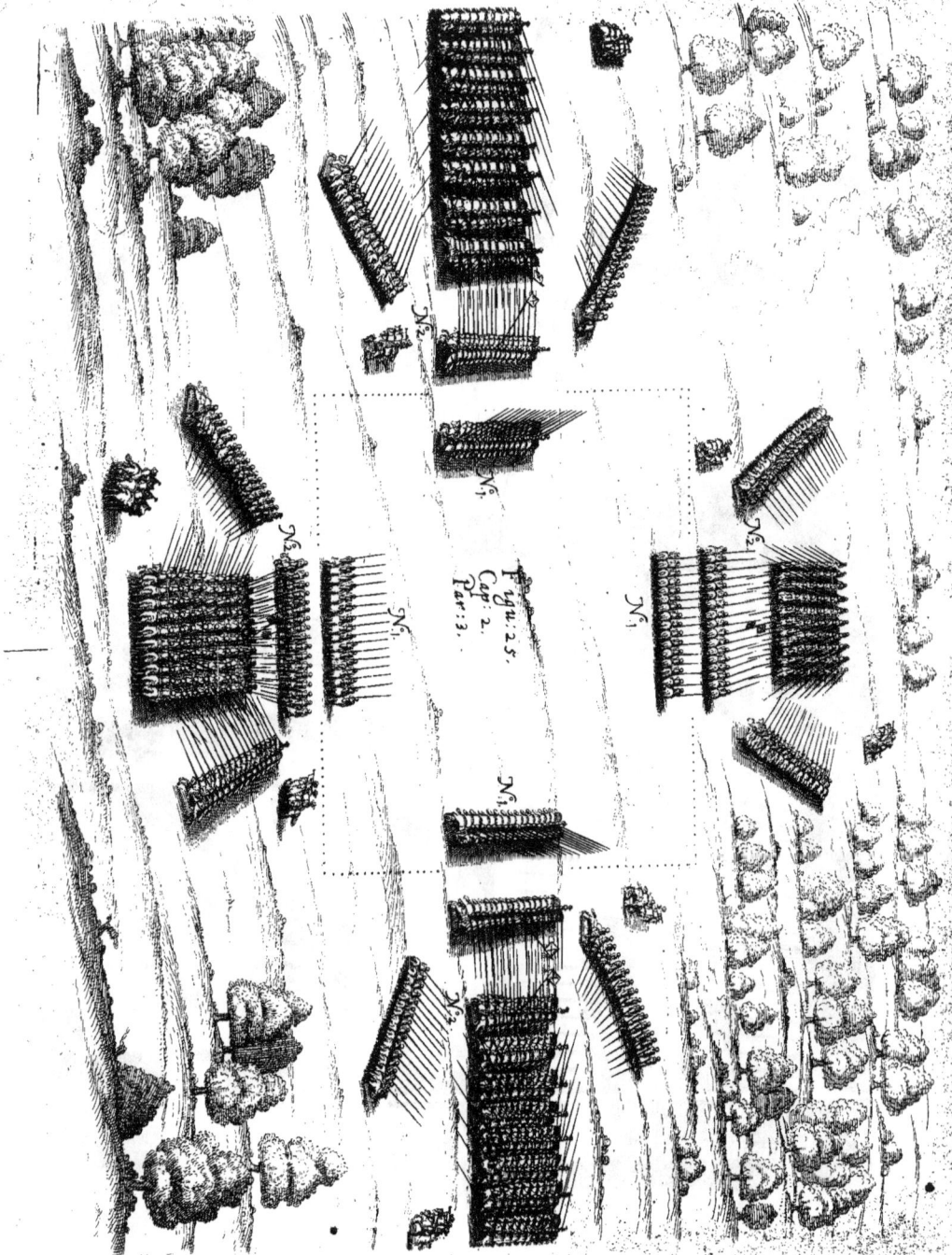

Figu: 25.
Cap: 2.
Par: 3.

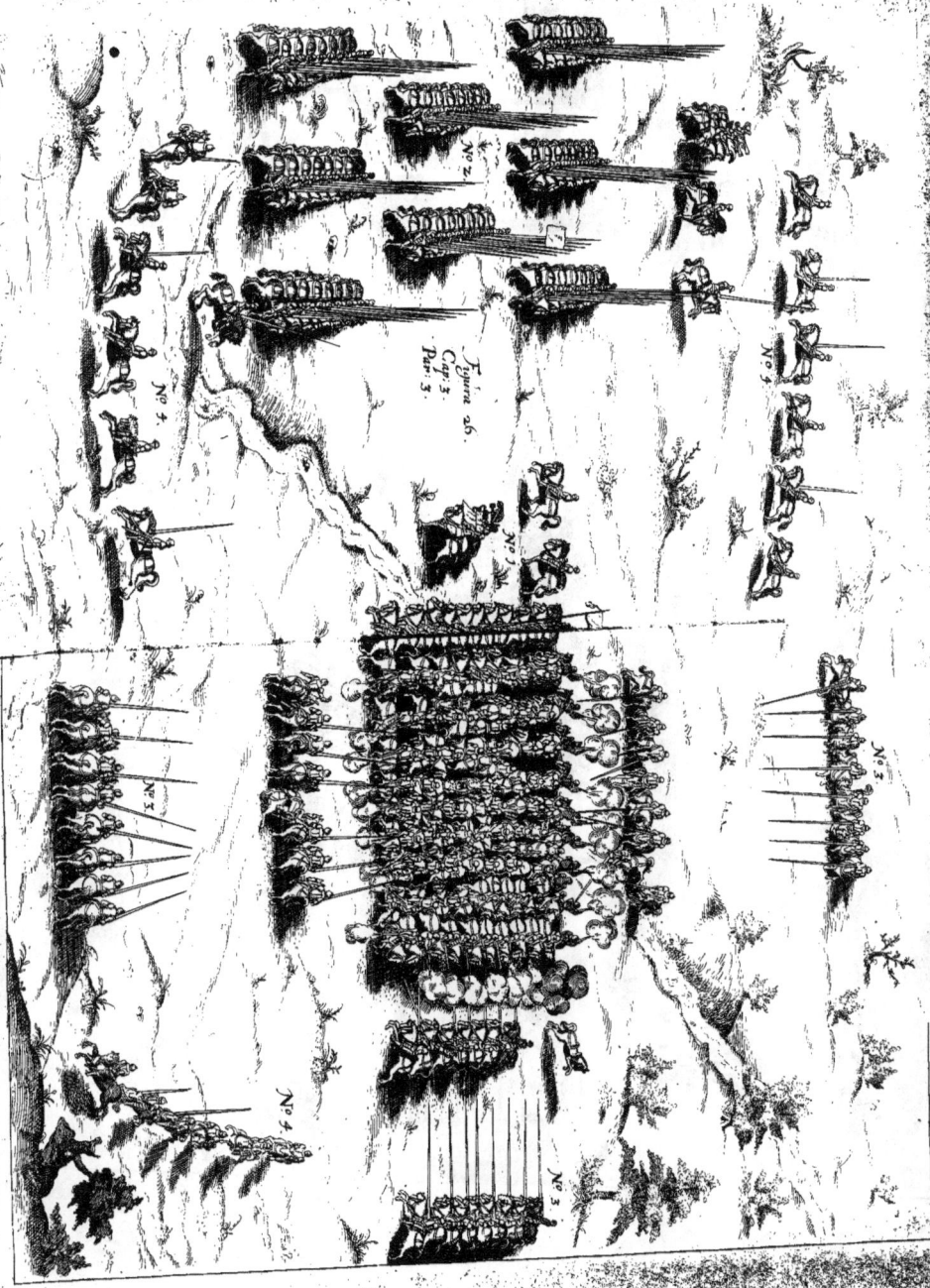

Figura 26.
Cap. 3.
Par. 3.

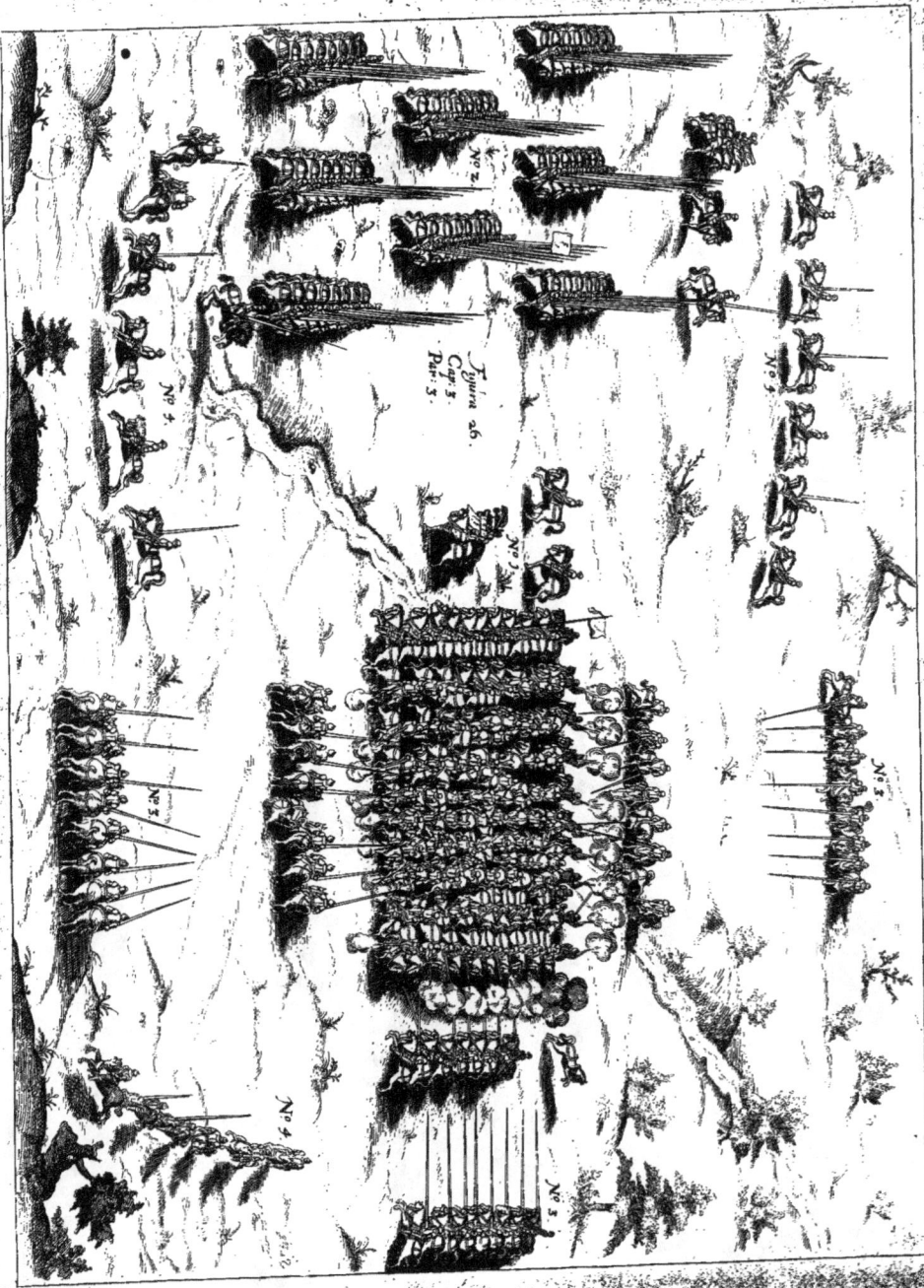

Figura 26.
Cap: 3
Par: 3.

Figu: 27.
Cap: 3.
Pag: 3.

N.1.

N.3.

N.2.

N.4.

N.4.

N.2.

N.4.

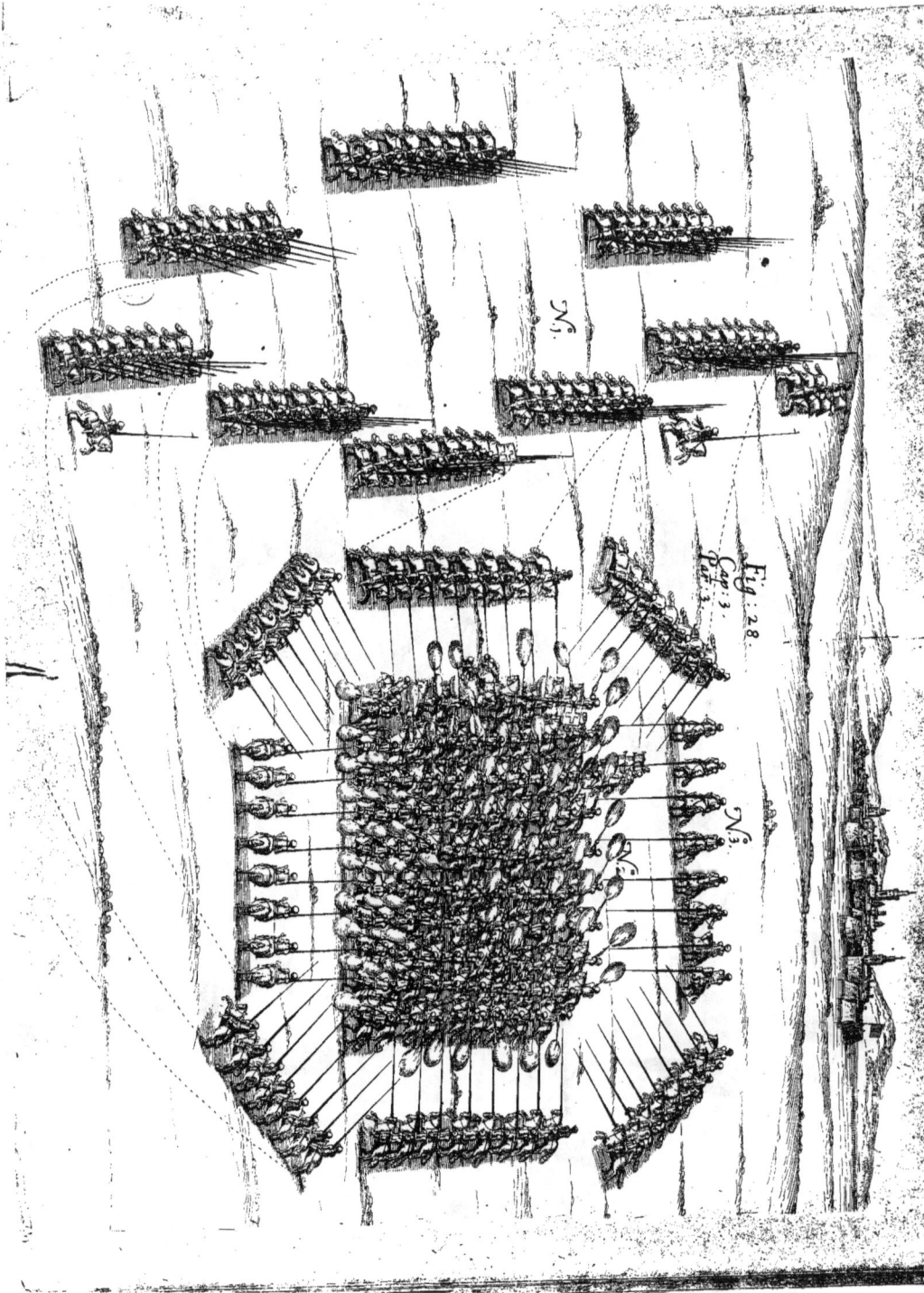

Fig: 28.
Cap: 3
Part: 3

N.º 2

N.º 3

Figura. 26.

Num. 1. Vne Compagnie de Corraſſes, ſe tenant en ordonnance ſerrée.

Num. 2. Vne Comp. de 64. Lances diuiſée en 8. eſquadronceaulx, qui chargent lès corraſſes aux flancs & en queüe.

Num. 3. Trois aultres files de la reſerue, qui font la recharge des precedentes.

Num. 4. Sont les trois premieres files, qui ayant failly de leur effect, ſe retirent.

Figura. 27.

Num. 1. Vne Comp. de 46. Lances ordōnees en eſquadronceaulx, deſquels chaſcun rencontre les corraſſes a demies files. ·

Num. 2. Vne Comp. de 100. Corraſſes combatant auſſi en petits eſquadrons a l'offenſiue.

Num. 3. La premiere place des lances.

Num. 4. La premiere place des Corraſſes, en bataille.

Figura. 28.

Num. 1. Vne Comp. de 64. Lances en 8. files.

Num. 2. Vne Comp. de 100. Corraſſes, ſe tenant ſerrées en vn corps ſolide.

Num. 3. La Comp. des lances, chargeant les Corraſſes de tous coſtez.

K 3   CHAP.

CHAP. IV.

Comment vne Compagnie des Cor-
raffes eft ordonnée en bataille.

E N l'ordonnance d'vne Compagnie des Corraffes , tu au-ras oultre la bonne & parfaitte cognoiffance de fa qualité & quantité, efgard a ces trois poincts.

Pour le premier : Si ton ennemy eft tellemét condicionné, que tu ayes occafion de l' attendre le front feulement ; ou auffi es aultres coftez.

Pour le fecond: fi tu as affaire a Cauallerie ou Infanterie feule, ou fi tous deux font ioints enfemble.

Pour le troifiefme : Si la bataille fe liure en campagne large ou eftroicte.

Lefquels trois poincts, n'eftants diligemment confiderez, il y aura peu de profit des Coraffes. Car aultre eft l'ordonnance, quand on attend l'enne-my en front : aultre eft elle quand on l'attend de tous coftez : & aultre eft l'ordonnance contre Cauallerie ou Infanterie feule : aultre eft elle auffi con-tre Cauallerie & Infanterie enfemble. Et en toutes ces ordonnances fault il auffi prendre garde, fi on fe doibt mettre a l'offenfiue ou a la defenfiue.

Or ordonnant vne Compagnie des Corraffes defenfiue, feulement en front, il te fault fcauoir, que comme j'ay dit, la remarque de la quantité & qua-lité de toutes fortes de Cauallerie y eft grandement neceffaire, comme fans laquelle on ne peult attendre bonne iffue des Corraffes. Et quand a la Cor-raffe, cecy en eft la qualité, afcauoir qu'elle fe tient toufiours vnie & ferrée en vn corps folide, comme auffi en tel corps elle produit fon effect , fans trop grand mouuement. Et ainfi eft vne Compagnie de cent Corraffes ordonnée en bataille defenfiue, en trois diuerfes manieres.

    I.   En vne ordonnance quarrée comme Num. 1. Fig. 29.

    II.   En vne ordonnance large. comme Num. 2.

    III.   En vne ordonnance eftroicte. comme Num. 3.

En ces ordonnances, comme auffi en toutes aultres tant de Cauallerie qu'Infanterie, il fault confiderer la racine & commencement ou fondement d'icelles, qui eft le quarré, dont toutes les aultres font produittes facilement & fans grande alteration, moyennant qu'il y ayt de la dexterité, qui prouient d'vn diligent exercice; fans lequel on ne produira rien de bon , tant en toutes

aultres

aultres sciences, qu'en l'art militaire ; & principalement ceste cy, de bien ordonner les batailles , comme tu vois Fig. *29*. en laquelle Num. 1. est vne bataille quarrée, de 10. a 10. en file & rang : de sorte qu'elle est de tous costez esgalé.

Si donc tu veux renforcer ta front au double, a sçauoir de vingt, tu ne fais que doubler les files a dextre ou a senestre; qui se fait sans grand labeur, & comme en vn moment, comme on voit Num. 2.

Si tu veux auoir la front estroicte: tu feras redoubler les rangs, & tu l'auras amoindrie de la moytié. comme Num. 3.

Des ces trois sortes d'ordonnances se sert on , quand on attend l'ennemy seulement de front.

Mais si tu attens l'ennemy en front & en queüe: oü de toutes parts : alors il te fault ordonner ta bataille, en sorte que tu puisses subitement soustenir & empescher tous ses efforts.

Pour donc ordonner vne bataille d'vne Compagnie de Corrasses en telle occurrence, tu te comporteras en la maniere suiuante : de serrer bien ton esquadron, dos contre dos, en vn corps ferme & solide , comme tu vois Fig. 29. Num. 4.

Ceste ordonnance ne se fait en quarré, mais au rond, auquel tu te peulx mieulx defendre contre les charges qui se feront de tous costez.

Ces modelles d'ordonnances sont defensiues. Mais si tu veulx mettre les Corrasses en œuure a l'offensiue : alors tu repartiras ta Compagnie en deux, trois ou plusieurs troupes, selon qu'il te plaira. comme Num. 5. Ou en deux, comme Num. 6. ou en dix petites troupes.

Et si tu t'en veulx seruir tant a l'offensiue, qu'a la defensiue contre aultres Corrasses, alors tu repartiras la moytié de ta Compagnie pour la defensiue, & l'aultre moytié pour l'offensiue : comme Fig. 30. Num 1 qui sont cinq Comp. de Corrasses, qui doibuent combatre , auec cinq aultres Comp. de mesme. Num. 2. Num. 3. dont L'offensiue est de tous deux costez Num. 4. Et la defensiue aussi de mesme, & Num. 5. Ils font leurs charges.

En l'ordonnance de telle bataille, pren garde que les aultres deux Cópagnies de reserue te puissent promptement secourrir , non seulement a la defensiue, mais aussi a l'offensiue. Et pour cest effect, tu prendras de chascun esquadron l'vne file apres l'aultre, les poussant ou auançant au combat là ou bon te semble, ou le besoing le requiert.

K 3 CHAP.

CHAP. V.

Des Arquebuſiers & Drageons.

AVANT a l'ordónnance des arquebuſiers, nous l'auons, à mon aduis, aſſez monſtrée aux diſcours precedents, auec les exemples & figures: comment ils ſont mis en œuure, & que leur qualité principale conſiſte en l'offenſiue. A quoy nous adiouſterons ſeulement cecy, aſcauoir, qu'il ne les fault point ordonner en grans corps & ſerrez: ains a files & rangs bien ouuerts: & en compagnies diuiſées, ſoit en grans ou petits eſquadrons. Voy ſur cecy Fig. 31. Num. 1. En laquelle je pro-poſe trois Compagnies d'arquebuſiers, voulants attaquer trois Compagni-es ennemyes, de meſme Num. 2. En laquelle obſerue les ordonnances de tous deux coſtez: & qu'il y ayt aſſez de place, pour pouuoir ſans aucun em-peſchement poulſer les eſquadrons, par les flancs de ceulx qui precedent, au combat par les flancs de ceulx qui ſont en l'auangarde ou en front: & ap-pres auoir fait leur charge, ſe retirer ſans deſordre ou confuſion, pour reto-urner a quelq; nouuelle entrepriſe: comme tu vois Num.3.

Quant aux Drageons: d'aultant qu'ils font leur exploict a pied & non acheual, j'en t'enuoyeray le lecteur au premier liure de l'inſtruction de l'in-fanterie: ou il trouuerá ce qu'ils peuuent faire, & comment il les fault met-tre en œuure. Mais d'aultant, que combien ils ſont a cheual, ne font toutes-fois leur œuure ſinon a pied: on peult demander, qu'eſt ce qu'ils font cepé-dant de leurs cheuaulx? A quoy je reſpons, qu'en ſon lieu, i en ay parlè a ſuf-fiſance: aſcauoir, que quand on les veult mettre, auec aultre Caualleriè en œuure, qu'ils mettent promptement le pied a terre, laiſſants leurs cheuau'x en files accouples par les brides comme Fig. 32. Num. 1. En la gardè de ce-luy qui en á la charge pour tous. Et eſtants ainſi a pied, chaſcun ſe met gail-lardement en debuoir auec ſes armes, ſelon que l'opportunité ſe preſente, & que l'entrepriſe le requiert, tant pour l'offenſiue que la defenſiue: ſe trou-uants propres pour tous deux, aſcauoir l' arquebuſier pour l'offenſiue, & le picquier pour la defenſiue. Voy Fig. 32. Num. 2. deux Compa-gnies de Drageons, comment elles ſont poulſees au combat. L'vne Num. 3. L'aultre Num. 4. en ſon ordonnance. Et Num. 4. le combat.

DECLA.

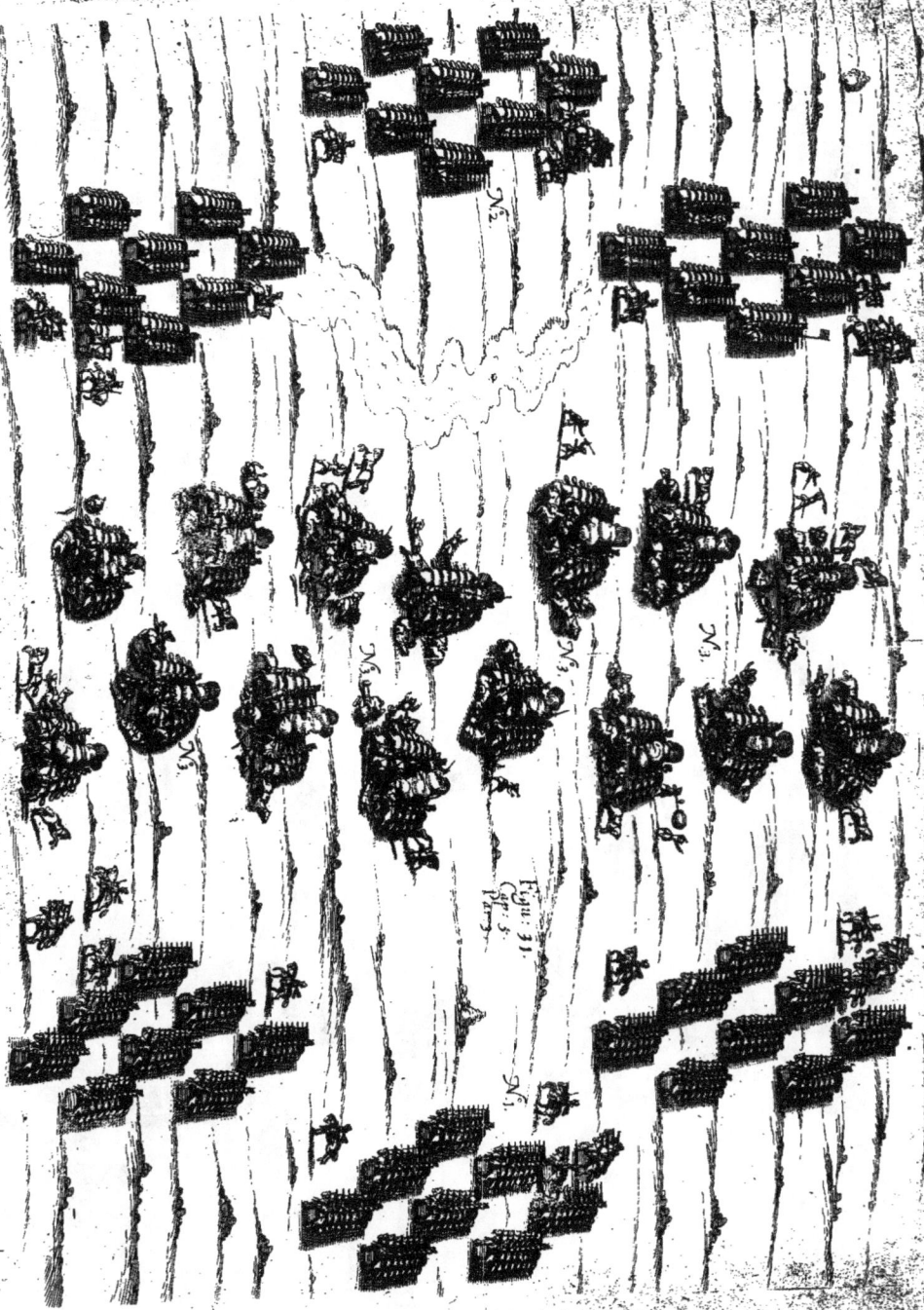

Figu: 31.
Cap. 5.
Par. 3.

Figu. 30.
Cap. 4.
Pag. 3

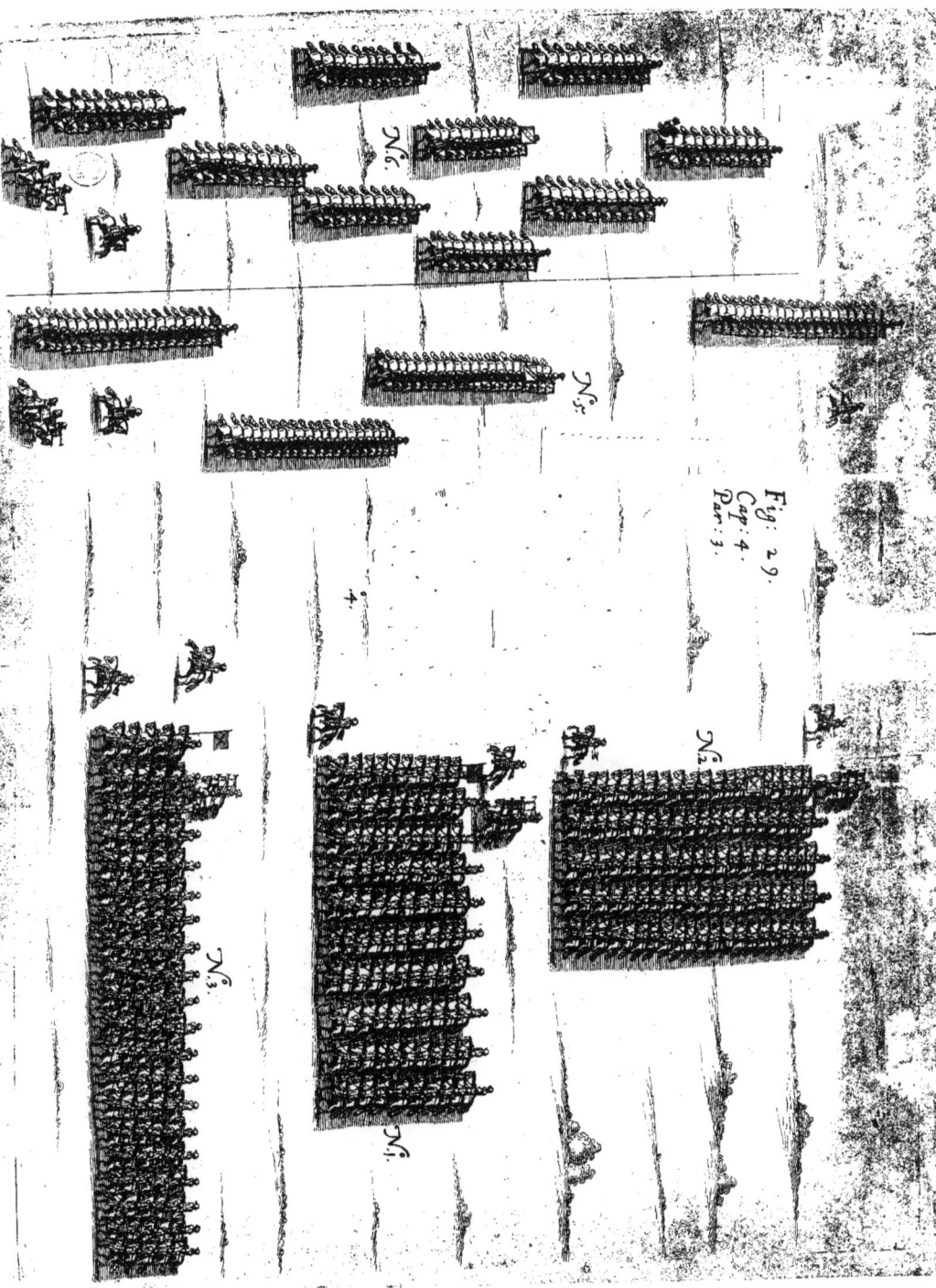

Fig: 29.
Cap: 4.
Par: 3.

DECLA[illegible]
DE QV[illegible]

[illegible]

[illegible]

V[illegible]s Com[illegible]

Num. 1. [illegible] de en ra[illegible].

Num. 2. Ordonnance [illegible] a files doublées.

Num. 3. Ordonnance [illegible] a demies [illegible].

Num. 4. O[illegible] pour tous costez.

Num. 5. Les [illegible] troupes, moytié offensiue [illegible]

Num. 1. C[illegible] compagnie[illegible] contre.

Num. 2. Aultres cinq en co[illegible] a l'offensiue qu'a la defensiue.

Num. 3. Est l'offensiue. } de tous deux costez.
Num. 4. La defensiue. }

Num. 5. Comment elles se chargent l'une l'aultre.

Figura 31.

Num. 1. Compagnies d'arquebusiers ordonnez en bataille contre.

Num. 2. Aultres trois compagnies de mesme.

Num. 3. Comment elles s' inuestent a plus de la moytié, ou a cinq files remettant le reste pour la reserue, pour secourir ceulx qu'on verrá ployer.

Figura.

...geons de tous deux coſtez,
...ent le pied à torſe ...& laiſſe
...brides, s'appreſtent pour
iou...

Num. 2. ...de l'vn coſté.
Num. 3. ...l'autre coſté.
Num. 4. Comment ...trent ...ombat.

Fig: 32
Cap: 5
Par: 3

Quatriefme partie.

BATAILLE DES QVA-TRE SORTES DE LA GAVALLERIE.

IL a efté monftré en la partie precedente, comment chafcune forte & Compagnie doibt eftre ordonnée a part foy. Voyons maintenant les quatre fortes enfemble, quelle eft leur ordonnance, & comment elles font mifes en œuure.

CHAP. I.

DEVANT d'entrer en ce difcours derquatre fortes de la Cauallerie, je debuois parler de ce qui eft requis en toutes batailles, & toutes les particularitez qui y doibuent eftre notées. Mais ayant refervé cefte matiere pour le troifiéfme liure, auquel, Dieu aydant, elle fera traictée felon l'exigence, priant le lecteur de l'attendre en pacience : je diray feulement en ce lieu comment plufieurs efquadrons de diuerfes fortes doibuent eftre ordonnez en vne bataille.

Saches donques qu'en l'ordonnance d'vne bataille confiftante de la Cauallerie feule, il te fault remarquer principalement deux poincts:

Le premier, que tu faches donner le lieu propre a chafcune, pour effectuer en fa quantité, ce qui de fa qualité eft requis.

Le fecond, que tu ayes la fcience de fi dextrement difpofer les Compagnies, que chafcune, fans empefcher l'aultre, puiffe paruenir a fon bout defiré.

Quant

Quant au premier : C'est pour dire le vray vn poinct de tresgrande importance, auquel on voit la dexterité & bon iugement d'vn Chef de guerre, soit General, Capitaine ou aultre Commandeur & Officier. Et pour en discourir & le declarer à suffisance, ou monstrer les grandes & dangereuses faultes de plusieurs grans Cheualiers & Capitaines, procedees ou de l'ignorance ou nonchalance d'iceluy : il y fauldroit certes vn grand volume. De fait, c'est le premier & principal moyen pour paruenir a la fin desirée de toutes tes entreprises militaires.

Et y cognoist on, comme j'ay dit, le iugement, la prudence & science d'vn Chef & Capitaine faisant profession de quelque, soit de grand ou petit, commandement sur la Caualerie : entendant la qualité & quantité de chascune sorte d'icelle, & en quoy cecy consiste.

Mais quelle nonchalance s'y trouue souuentesfois, de donner a chascune sorte sa place propre en bataille ? mesme aussi de tels qui sont profession des plus experts & entendus, pour passer soubs silence les nouices, qui sans aulcune experience & merite seulement par faueur sont auancez aux charges principales, auec grand danger de ceulx qui leur sont commis ? j'auoy certes assez d'occasion, de me complaindre, ou pour le moins de raconter les faultes, desordres, inconueniens & danger, qui en resultent : mais d'autant que c'est la matiere propre du troisiesme & cinquiesme liure, je m'y refreray pour en parler plus proprement en son lieu.

Icy nous monstrerons seulement, en toute rondeur & simplicité, le lieu propre de chascune sorte de Caualerie en bataille, estant seule & sans Infanterie.

Et saches que d'icy depend non seulement ton honneur & reputation, mais aussi la vie & le corps tant de toy, que de ceulx qui sont soubs ton commandement ? Voyre qui plus est, le repos & tranquillité de ta conscience. Car ce n'est assez d'auoir vn gentil tiltre, grande charge pour & tirer grans auātages, & remplir ta bourse : ainsi il en fault aussi rendre compte, & respondre a ce grand Dieu des batailles, si par ton ignorance, negligence & nonchalance, tu te fais meurtrier de tant des bons & vaillants soldats Chrestiens : Certes les grandes faueurs, les grandeurs de ta personne & aultres semblables recommandacions ne t'y excuseront point.

Mais vn bon & braue soldat, bien dextre & bien experimenté, est souuent contrainct d'obeir a vn chef ignorant & mal auisé (voyre aux commandemens importuns) auec danger de sa vie, sans y contredire aulcunement, encor qu'il sçait mieulx ? Mais de cecy en son lieu, assauoir au cinquiesme liure plus a propos.

En quelle confusion a esté leuée, conduicte & gouuernée la Caualerie, iusques a l'heure presente ? Comment y a on tousiours pris l'vn pour l'aultre, sans aulcune consideracion ne de qualité ne de quantité ? De la vne telle confusion & meslange, qu'il n'y a partie ou sorte de la Caualerie qui ayt retenu son estre premier : & en est on venu iusques a cest extreme, que ne le premier, ne le dernier, ne sçait ce qui est de son debuoir & a quoy il est obligé, nō plus que s'il n'en auoit iamais ouy parler. Et voylà que c'est de nostre milice & discipline militaire, & principalement de ceste partie tant noble, vn rustault chargé d'armes & monté a cheual, c'est assez pour la Caualerie.

Quels

Quels auſſi en ſont les deſordres au marcher, & cōbats, eſcarmouches, ſurpriſes, entrepriſes, conuoys & aultres tels actes militaires ? Nul ne tient ſon lieu, rang ou place: ains tout a rebours: l'arquebuſier ſert de Corraſſe, la Corraſſe d'arquebuſier, ſans aulcune conſideracion ou de qualité ou de quantité.

Quant au ſecond poinct: ou voit on la correſpondence des ſortes & parties de la Caualkrie? ou eſt elle deüement prattiquée? tout ainſi qu'en vn troupeau des brebis, ou aultres telles beſtes, qu'on a de couſtume de conduire par troupes: moyennant qu'on ayt vn eſquadron ſerré, c'eſt aſſez, encor qu'il n'y ayt aulcun ordre ne es files ne aux rangs ſans regarder s'ils ſont triangles, quarres, pentagones &c. ronds, droicts, courbes, eſtroicts, larges, au long ou au trauers: c'eſt tout vn, qu'ils ſoyent drus & pres l'vn de l'aultre, ou debandez & diſtants: moyennant qu'ils ſoyent entaſſez, comme les harengs, ce ſeront toutes bonnes batailles & bien rangees. Et quel en eſt le fruict? non aultre que grand danger: & meſmes en ſemblables batailles faintes, on ſe trouue ſouuent en plus grand danger, que ſi on eſtoit deuant l'ennemy. Et qui en eſt la cauſe? L'ignorance & inaduertence de ces poincts tant neceſſairement requis. Mais reſeruons, comme auons dit, ceſte matiere au cinquieſme liure

Cependant ne laiſſeray je icy de declarer les poincts ſuſdits, requis pour l'ordonnance d'vne bataille, & monſtrer le lieu propre & conuenable de chaſcun.

Au premier (aſcauoir qu'il fault ſcauoir donner le lieu propre a chaſcune des ſortes de la Caualkrie, pour effectuer en ſa quálité, ce qui de ſa qualité eſt requis) il te fault remarquer deux choſes:

Premieremēt ſi tu peulx faire la bataille a ta volonté, te trouuant en campagne aſſez large & ſpacieuſe.

Secondement ſi ta bataille eſt forcée, en ſorte qu'il te faille t'accommoder au lieu auquel tu te trouues, ſoit large ou eſtroict.

La premiere, eſt voluntaire & offenſiue.

La ſeconde eſt prouoquée, contraincte, & defenſiue de la pluspart: Car elle peult auſſi bien eſtre a la foix offenſiue.

En l'ordonnance d'vne bataille voluntaire: il te fault derechef remarquer ces choſes: que tu l'ordonnes, combien qu'offenſiue, en telle maniere, que l'ennemy gaignant le deſſus, tu la puiſſes ſans grande alteracion appliquer a la defenſiue, ce qui ſe fait par deux moyens:

Premierement, en affermant bien ta bataille, & t'aſſeurant bien du lieu ou de la place que tu t'as choiſie : la pourvoyant, tant aux flancs qu'au milieu, de bons & forts eſquadrons bien ſerrez, & a pied ferme.

Secondement, en l'ordonnant en ſorte que tu puiſſes changer,

ger, l'occasion se presentant, ta premiere place, par vn carracol a dextre ou a senestre, ou de quelques esquadrons, ou de tout le corps.

En l'ordonnance d'vne bataille forcée : remarque diligemment, si tu peulx estre chargé en front seul, ou en flanc, ou en queüe : ou bien si on te peult assaillir de toutes parts, afin de te pouuoir mettre en defense conuenable, soit en campagne ouuerte ou estroicte.

En ces deux occurrences de batailles, ou volontaire ou forcée, tu auras occasion de monstrer ta science, jugement & dexterité de satisfaire a chascune, & paruenir a ta fin pretendue. Et cecy quant au premier.

Au second, (ascauoir la science de si dextrement disposer les compagnies, que chascune sans empescher l'aultre, puisse paruenir a son bout desiré) tu remarqueras aussi deux choses.

Premierement, en quelle forme & sorte ta bataille, soit volontaire & offensiue, ou forcée & defensiue, sera les plus commodement ordonnée.

Et pour cest effect pour la volontaire, tu te choisiras la sorte plus conuenable a ton intencion, entre ces six : La lunaire, sallée, estendue, courbée, poinctue, & my-partie ou entrelassée.

Secondement, que tes Compagnies ou esquadrons soyent tellement repartis, qu'vn chascun se puisse mouuoir sans empeschement du prochain selon le bout & pretension qu'il á. Or il te fault auoir bon esgard, qu'elle ne soit ou trop ouuerte, ou trop serrée : ains que par tout il y ayt bonne proporcion.

Icy deuant de passer oultre a la declaracion de ce second poinct, je te proposeray vne bataille de chascune sorte : comme tu vois Fig. 33. les six diuersitez, desquelles nous parlerons plus amplement au liure suiuant, en mōstrant les proprietez & mouuements plus en particulier.

Or en la ditte Fig. 33. tu vois de Cauallerie seule : Num 1. Vne ordonnance lunaire. Num. 2. Vne sallée. Num. 3. Vne estendue. Num. 4. Vne courbée. Num. 5. Vne poinctue. Num. 6. Vne my-partie ou entrelassée.

Et pour t'induire a meilleure intelligence de ce que j'ay proposé, je te proposeray vne bataille volontaire de Cauallerie seule : en laquelle je te mōstreray l'obseruacion & effect des deux poincts susdits.

Soyent trois Compagnies chascune de 64. lances : trois Compagnies de Corrasses, chascune de cent cheuaulx : trois Compagnies d'arquebusiers, chascune de 64. & trois Compagnies de Drageons, chascune de cent hommes.

De

De ceſte Cauallerie tu feras vne bataille volontaire. Or icy il eſt queſtion du premier poinct, que tu donnes a chaſcune ſorte ſon lieu propre, pour pouuoir effectuer en ſa quantité, ce qui de ſa qualité eſt requis.

Pour en venir a bout, & que ta bataille ſoit ordonnée ſelon ton deſein & deſir: il te fault remarquer & bien diligemment conſiderer la qualité & quantité de chaſcune ſorte en particulier.

Premierement, qu'elle doibt eſtre ſelon ſa proprieté: ſecondement, quels effects elle peult produire.

Et examinant chaſcune ſorte de la Cauallerie ſelon ce modelle, tu trouueras vn moyen tresfacile pour paruenir a ton bout pretendu a ſouhait. Mais il fault regarder chaſcune eſpece en particulier, & bien conſulter la deſſus, aſcauoir ſi auec ces 1284. hommes, tu pourrois attaquer 4000. en campagne, ſans trop danger.

I'ay dit deſſus, qu'en l'ordonnance d'vne bataille volontaire & offenſiue, il fault auoir eſgard qu'on s'en puiſſe auſſi ſeruir, la neceſſité le requerant, par la defenſiue, pour reſiſter a l'ennemy que te pourroit deuancer en forces.

Trouuant donques trois Compagnies de lances, qui ſont offenſiues, & trois Compagnies d'arquebuſiers, auſſi offenſifs: auéc trois Compagnies de Drageons, eſquelles il y a trois cents muſquetiers, qui ſont auſſi offenſifs: Et d'aultre part trois cents Corraſſes & aultant des picques, pour defenſiues: de ſorte que pour l'offenſiue tu auras 684. hommes, & pour la defenſiue 600. teſtes.

Ayant donc ainſi fait ton compte: & entendant quelle eſt la force de chaſcune Compagnie, & qu'eſt ce qu'elle peult effectuer tant en ſa quantité qu'en la qualité, tu en ordonneras ta bataille en la maniere ſuiuante.

Les trois Compagnies des Corraſſes ſeront comme le pilier & baſe de toute la bataille, & les logeras comme tu vois Fig. 34. Num. 1. Les picques des Drageons ſeront reparties en ſorte, que l'vne Compagnie de cent, te ſeruent d'ailes: & la troiſieſme diuiſée en deux ſeront colloquez pour reſerue, aux deux coſtez de la queüe des Corraſſes. Et ainſi ces trois Compagnies des picques te ſeruiront de defenſe de ta bataille.

En apres tu ordonneras le reſte de ta Cauallerie offenſiue, entretaillée, comme tu vois Num. 3. des Lanciers. Num. 4. des arquebuſiers: Num. 5. Muſquetiers, Et voyla trois eſquadrons:

L 3　　　　leſquels

lefquels font repartis en forte que la moytié ferue d' ailes aux
flancs, & le refte s'applique a l'offenfiue : commençant par les
mufquettiers, pource que leurs armes font de portee plus loin-
taine.

Les dits mufquettiers eftant auancez ou poulfez au combat,
tireront file apres file, iufques a ce qu'ils verront venir l'ennemy
contre eulx: & lors ils fe retireront foubs les picques par les flancs
de la bataille, comme on voit Fig. 35. Num. 1.

Ayant ainfi attaqué l'ennemy, tu poulferas auffi tes Compagnies tant lances qu' arquebus contre luy, l'vn efquadron apres
l'aultre, & file apres file : comme tu vois Num. 2. Fig. 35. En forte
que de la moytié de ta bataille tu trauailles le tiers de ton ennemy,
iufques a la fin que tu viendras, fi tu veulx, le charger de tout ton
corps.

Cecy eft vne bataille lunaire, offenfiue, en campagne large,
de quatre mil hommes, guarnie auffi de fa defenfe neceffaire.

Mais fi par les mefmes Compagnies, tu vouldrois attaquer
refoluement ton ennemy en campagne, en vne ordonnance my-
partie & entrelacée : alors tu l'ordonneras en la maniere fuiuante.

Tu colloqueras les Compagnies plus propres a l'offenfiue,
afcauoir les lances & arquebus aux flancs, comme tu vois Fig. 36.
Num. 1. Les Corraffes feront logées par dedans aux dits coftez,
comme Num. 2. Et les Drageons au milieu, comme Num. 3.

Voulant donc par cefte bataille, qui eft feulement offenfiue,
attaquer l'ennemy, tu feras que les ailes afcauoir les lanciers & arquebufiers, fe lancent pour le charger aux flancs, comme Fig. 37.
Num. 1. Et les Corraffes de tous deux coftez rencontrent les angles com. Num. 2. Et que les Drageons chargent le milieu ou le
bataillon de l'ennemy com. Num. 3.

Te mettant donc fur la prattique de cecy auec la prudence
requife, je n'ay doubte aulcune qu'en brief tu verras ton ennemy
en defordre & enfoncé.

Mais pour vne bataille de front & feulement defenfiue, tu
rangeras ces mefmes Compagnies en vne ordonnance fallée. En
laquelle tu doibs principalement remarquer, que la defenfe foit
tellement rangée, que tu en puiffes auffi auoir bonne defenfe: qui
eft vn auantage non feulement grand, mais auffi fouuent neceffaire. Cecy fe fait en la maniere fuiuante.

Mets

1. Aux   tre-deux, colloque deux C   corrasses, comme Num. 2.

Ces cinq Compagnies feront la front : notant cependant
qu'il fault laisser , entre les dittes Compagnies de front aultant
d'espace, que celles qui font derriere, puissent sortir entre deux,
comme Num. 3. deux Compagnies de lances, & Num. 4. deux
Compagnies d'arquebus, ordonnee a l'offensiue. Num. 5. sont les
trois Compagnies restantes, l'vne d'arquebus, l'aultre de lances, &
la troisiesme de corrasses , mises en reserue pour secourir si quelq;
Compagnie des aultres ployoit, tant pour la defensiue que pour
l'offensiue.

Des trois cens mousquets, tu logeras la moytié en chascun
flanc de la bataille, auec commandement de donner feu par files,
comme Num. 1. Fig. 39. Et estants chargez de l'ennemy, ils feront
leur retraicte, reculant des costez vers la queüe de la bataille : ou
bien, s'il te semble, les pourras receuoir soubs la chaleur des picques.

Mais si l'ennemy te forçoit par la bataille, Num. 2. Fig. 39. &
y auoit danger que la tienne & fut enfoncée, tu serreras les lances
& corrasses ensemble, comme Num. 3. tenant les arquebusiers &
mousquets pour l'escarmousche & offensiue, comme Num. 4. pour
enuestir l'ennemy Num. 1. de leurs coups & arquebusades.

Et voyci en brief ce qui concerne l'ordonnance des batailles
tant pour l'offensiue que pour la defensiue , comment elles sont
rangees en la meilleure forme & commodité, en sorte que chascune de ses especes puisse selon la quantité & qualité reussir a bon
effect. Et pourroit on bien monstrer quelques aultres manieres &
sortes des batailles : mais ce sera pour le liure troisiesme, auquel, Dieu aydant, nous en discour-
rons plus amplement.

DECLA-

DECLARATION DES
FIGVRES DE CE PRE
MIER CHAPITRE.

Figura 33.

Ix diuerses fortes de batailles, de trois Comp. de
Lãces, trois Comp. de corrasses, trois d'Arquebusiers, & trois Comp. de Dragons.

Num. 1. Est vne ordonnance ditte lunaire, d'aultant qu'elle a la forme d'vne demye lune.

Num. 2. Vne ordonnance sallée, ainsi ditte de ce
que les troupes, tant de frõt que de derriere, sont entre meslees de diuerses armes.

Num. 3. Vne bataille estendue, en laquelle tous esquadrons sont
de mesme front.

Num. 4. Vne bataille courbée, ainsi ditte de sa forme d'arc.

Num. 5. Bataille poinctue: de laquelle il se faut seruir en passages
estroicts, & Compagnies empeschees.

Num. 6. Vne bataille moyenne, ainsi ditte pour ce, qu'elle est
tellement faicte qu'on en peult faire deux
en peu de temps, & armer tout y a tous deux costez.

Desquelles, Dieu aydant, nous traicterons tous à plein au troisiesme
me liure, en monstrant tant les manieres, que les effects de
chascune par le menu.

Figura 34.

Trois Compagnies de chascune sorte, faisant ensemble 1284.
testes. Desquelles se fait vne bataille volontaire & offensiue. Chascune en sa distance requise, afin que les files se
donnent place l'vne a l'aultre, pour pouuoir passer entre
deux, & faire sans empeschement son exploict contre l'ennemy.

Num.

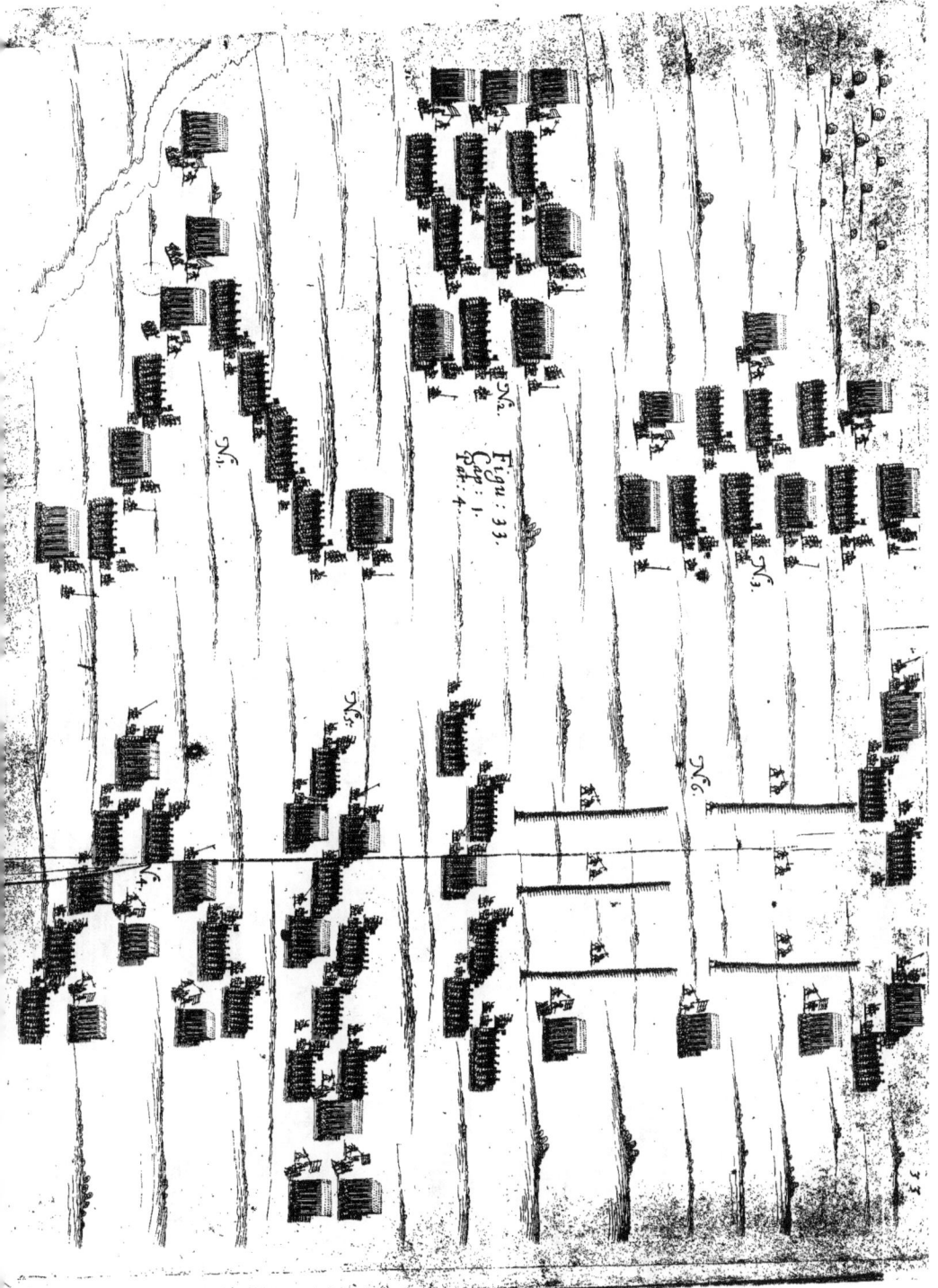

Figu: 33.
Cap: 1.
Tab: 4.

N.1.

N.2.

N.3.

N.4.

N.5.

N.6.

33

Figure 34.
Par.
Cap.

Fig: 35.
Cap: 1.
Par: 4.

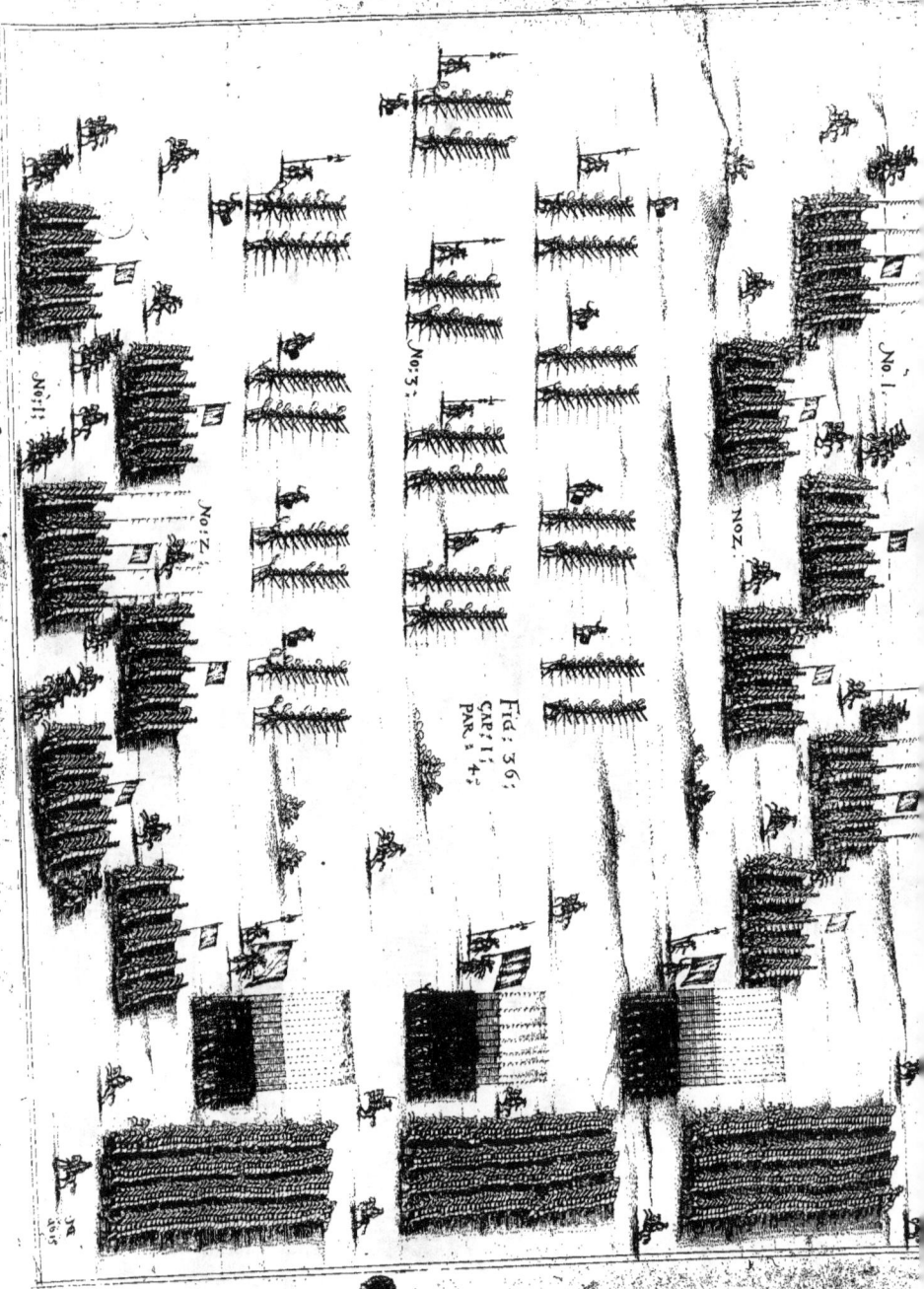

No: 1:

No: 2

No: 3:

No: 11:

No: 2:

No: 3:

FIG: 36:
CAP: 11:
PAR: 4:

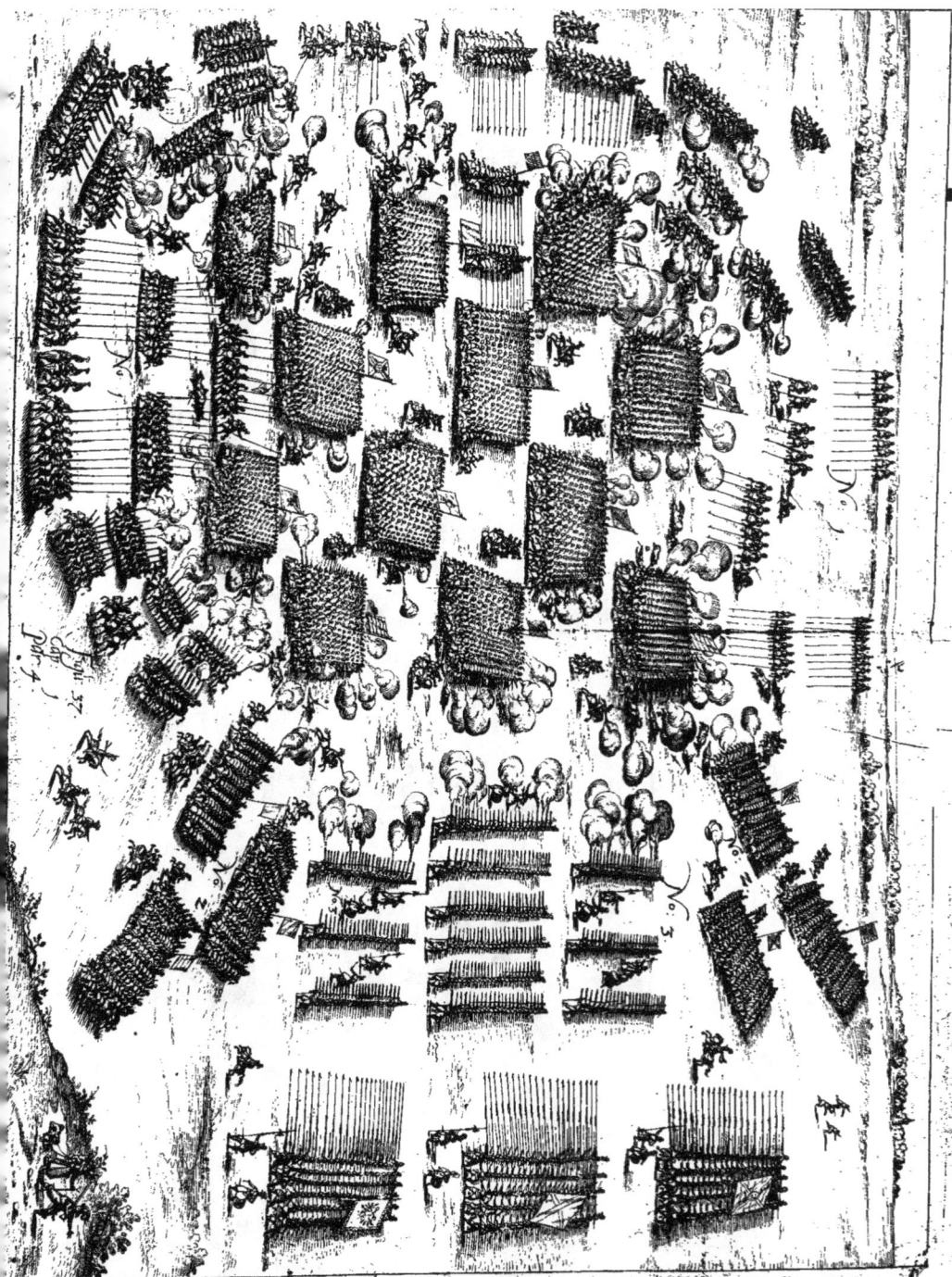

Figu: 38.
Par: 4
Cap: 3.

No: 5   No: 5   No: 5

No: 3   No: 4   No: 3   No: 3

No: 6   No: 2   No: 6

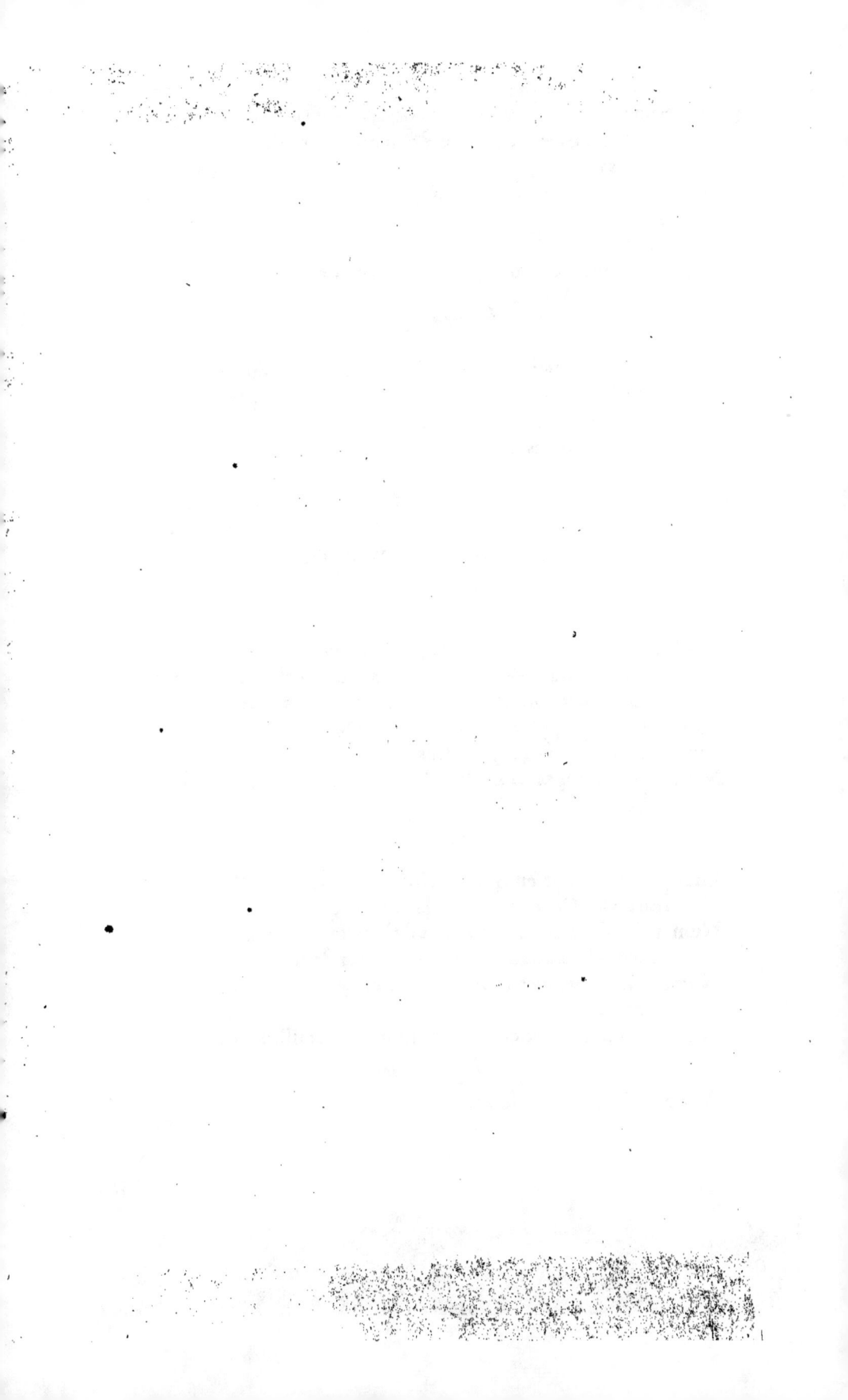

Num. 1. Sont trois Compagnies de corraſſes colloquées, ſelon que
    tu veulx en queue auec les drageons pour vne reſerue.

Num. 2. Trois Compagnies des drageons auec leur picques.

Num. 3. Trois Comp. de lances offenſiues, pour attaquer l'enne-
    my.

Num. 4. Les arquebuſiers.

Num. 5. La moytié des muſquetiers commençans le combat.

Figura. 35.

Num. 1. Comment auſſi toſt que les muſquets on fait leur ſalue
    contre l'ennemy, voyants qu'il leur vient ſus, ſe ſauuent en
    vne retraicte ſoubs les picques.

Num. 2. Comment les Compagnies tât lances qu'arquebus char-
    gent l'ennemy par files.

Ceſte ordonnance ſe dit lunaire volontaire offenſiue, & en peulx
    faire teſte à douze Compagnies ennemyes chaſcune de trois
    cents hommes, auec bon eſpoir de les emporter.

Figura. 36.

Vn bataille offenſiue volontaire, en laquelle d'vne ordonnance
    moyennée ou my-partie, tu peulx attaquer l'ennemy reſol-
    uement auec toutes les quatre eſpeces de Cauallerie.

Num. 1. Les arquebuſiers & lanciers ès flancs, entrelaçez.

Num. 2. Les Corraſſes my-parties.

Num. 3. Les Drageons muſquettiers tenants le milieu de la ba-
    taille.

Figura 37.

En laquelle ſe voyt, en quelle reſolucion l'ennemy eſt chargé de
    toutes les Compagnies de la ſuſditte ordonnance.

Num. 1. Les deux coſtez extremes de la bataille, tenus des lances
    & arquebus, attaquans l'ennemy aux flancs.

Num. 2. Les corraſſes attaquants les angles de l'ordonnance en-
    nemye.

Num 3. Les muſquettiers tourmentants le bataillon de l'ennemy.

Figura 38.

Vne bataille forcée defenſiue.

M   Num.

Num. 1. Les trois compagnies des picques drageons.

Num. 2. Deux comp. de corrasses.

Num. 3. Deux compagnies de lances.

Num. 4. Deux comp. d'arquebusiers.

Num. 5. Vne compagnie de lances, arquebusiers, & corrasses mises en l'arriere garde pour vne reserue.

Figura. 39.

Comment la ditte bataille s'employe en sa defense
contre l'ennemy.

Num. 1. Les deux ailes des musquetiers drageons, faisants la premiere resistence.

Num. 2. L'esquadron de l'ennemy qui fait sa charge.

Num. 3. La bataille serrée pour meilleure defense.

Num. 4. Les arquebusiers & musquetiers escarmouchants a l'offensiue.

CHAP.

Figu. 39.
Cap: 1.
Part 4.

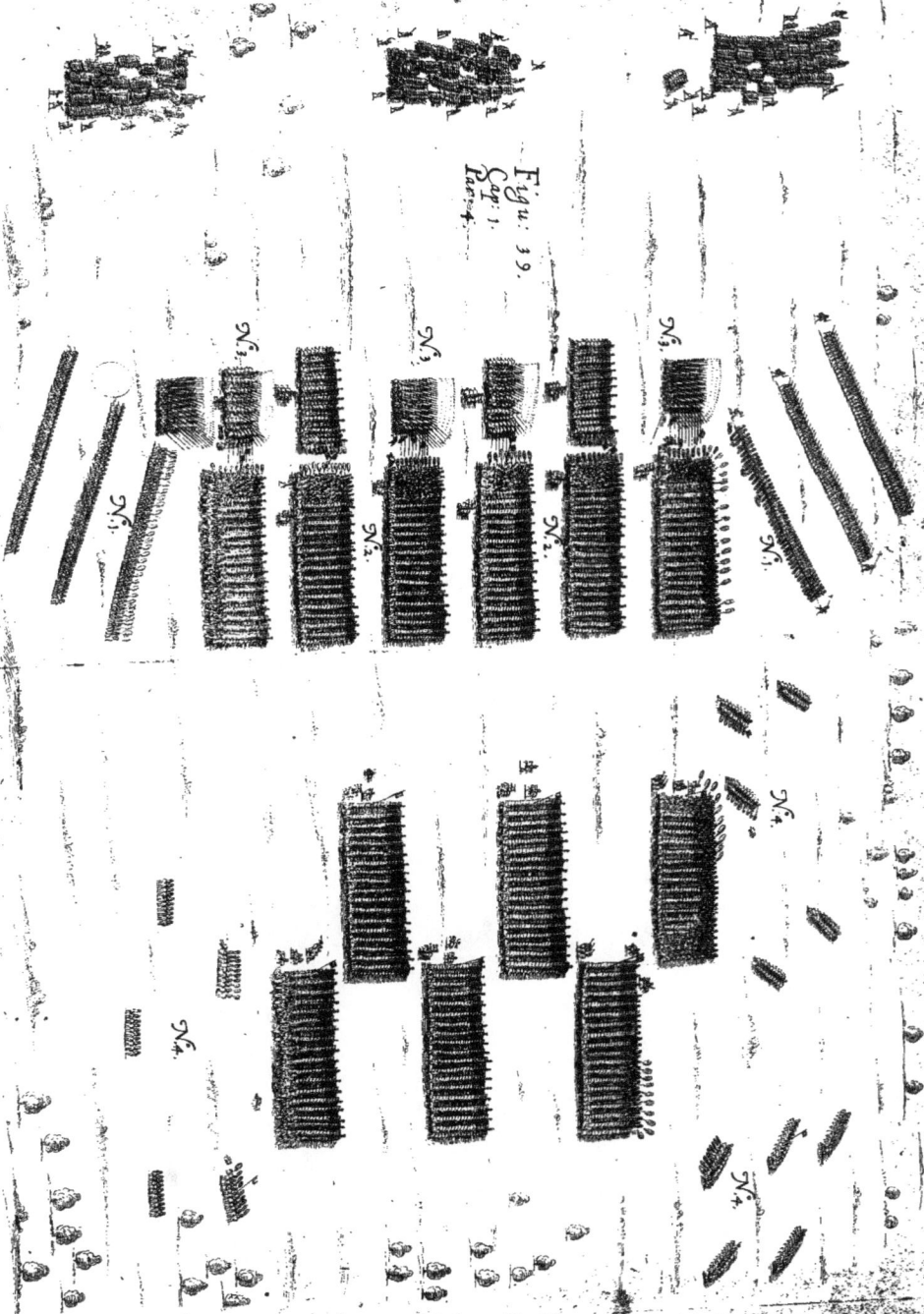

N.1.

N.2.

N.3.

N.2.

N.1.

N.2.

N.4.

N.4.

N.4.

39

CHAP. II.

De l·Ordre au marcher.

A PRES t'auoir monstré au Chapitre precedent quelques sortes des batailles : je t' enseigneray aussi en ce lieu, comment tu te comporteras au marcher, en sorte qu'estant surpris ou assailly, tu puisses subitement ranger tes gens sans aulcune confusion. Et comme il y a principalement deux especes de batailles, ascauoir offensiue & defensiue : ainsi y fault il aussi aduiser au marcher, pour s' y pouuoir accommoder promptement. Et de fait on y cognoist l'experience & habilité d'vn bon Capitaine, de repartir ses troupes au marcher auec telle dexterité, qu' es occurrences de quelconq; bataille que ce soit, il en ayt la commodité : comme j'en ay parlé au premier liure de l'Infanterie, & le deduiray plus au clair au liure troisiesme. Icy le monstreray seulement par exemples.

Pour donc ordonner la bataille de la Fig. 34. Offensiue volontaire en haste, & mesme en marchant : tu ordonneras le train (je ne parle pas des auantcoureurs, pris communement de toutes Compagnies, mais de tout le corps de Compagnies) en sorte que premierement marche vne Comp. de lances, com. Fig. 40. Num. 1. Apres vne Comp. harquebusiers, Num. 2. Apres derechef vne Comp. de lances, Num. 3. Suiuie aussi d'vne Comp. arqueb. Num. 4. Et Num. 5. Vne Comp. de lances. Num. 6. Vne Comp. d'arquebusiers.

Apres ces six Compagnies, trois de lances, & trois d' arquebusiers, tu feras marcher les musquetiers des trois Comp. des drageons, repartis en six troupes, de 50. hommes chascune, auec ses Officiers : comme Num. 7. 8. 9. 10. 11. 12.

Apres ces six troupes, marchera la premiere Compagnie de picques des drageons, Num. 13 Suiuie d'vne Comp. de corrasses, Num. 14. Puis la seconde Comp. des picques drageons my-par-

M   2   tie.

tie Num. 15. Puis derechef vne Comp. de corrasses Num. 16. Suiuie de l'aultre moytié de la susditte Comp. des picques Num. 17. Et
Num. 18. La troisiesme Comp. de corrasses, suiuie finalement de
la troisiesme Comp. des picques des Drageons Num. 18.

Et voyci le train de tous tes esquadrons, duquel l'occasion
se presentant, tu te peulx subitement presenter à ton ennemy en
vne bataille lunaire offensiue volontaire, auec toutes ses defen-
ses, comme tu vois Fig. 34.

Apres s'ensuit le bagage des dittes Compagnies, ascauoir
les valets auec les cheuaulx du fourrage, charriots, & viuandiers
& aultres qui s'y trouuent, comme tu vois Num. 20.

Mais pour se mettre en bataille forcée defensiue, comme
Fig. 38. Tu feras marcher tes Compagnies selon l'ordre & nombres
qui y sont marquez. Num. 1. Est la premiere Comp. des picquiers
Drageons: Num. 2. vne Comp. de Corrasses. Num. 3. La seconde Comp. des picq. Drageons. Num. 4. Vne Comp. des Corrasses. Num. 5. La troisiesme Comp. des picq. Drageons. Num. 6. 7.
deux Comp. des Lances. Num. 8. 9. deux Compagnies d'arquebusiers: suiuis Num. 10. d'vne Comp. de lances: Num. 11. vne
Comp. d'arquebusiers: Num. 12. vne Compagnie de Corrasses.

Apres s'ensuiuent les musquetiers Drageons, repartis en
six troupes de 50. hommes chascune: Num. 13. 14. 15. 16. 17. 18. Et
l'arrieregarde ou bagage des dittes Compagnies. Num. 19.

De toutes ces Compagnies, en as tu les pourtraicts es figures
precedentes, pour t'en pouuoir seruir plus commodement. Or
auoys-ie bien matiere & occasion d'adiouster encor plusieurs
aduertissiments pour le marcher, mais estudieux de briesueté
je me reserueray, oultre ce qui en est traicté au premier
& ce second, au troisiesme liure vne plus
ample deduicte.

DECLA-

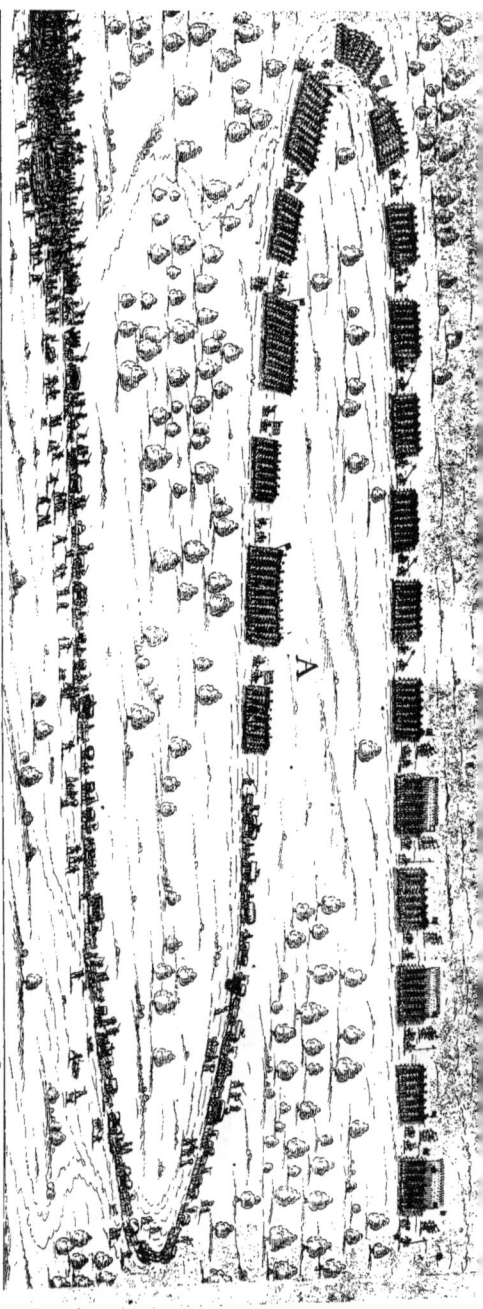

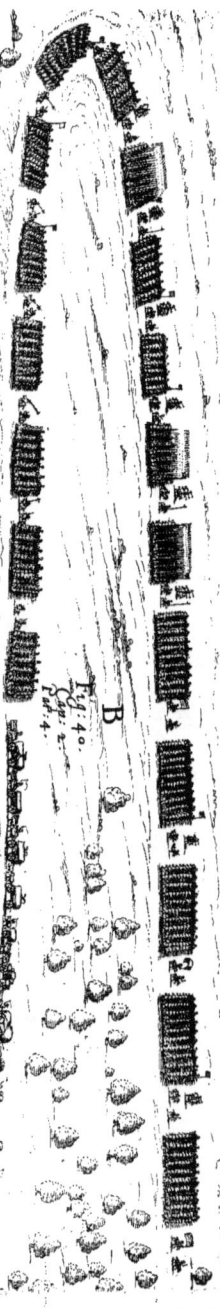

Fig. 4.
Fig. 2.
Fig. 4.

B

A

DECLARATION·DE LA
FIGVRE XL.

N laquelle tu as deux repartiſſements du train au marcher: dont ſubitement tu te peulx ranger en bataille ſoit offenſiue ou defenſiue. A, monſtre l'ordre des Compagnies pour facilement former vne bataille offenſiue.

Num. 1. Vne Compagnie des lances.

Num. 2. Vne Compagnie d'arquebuſiers.

Num. 3. Vne Comp. de lances.

Num. 4. Vne Comp. d'arquebuſiers.

Num. 5. Vne Comp. de lances.

Num. 6. Vne Comp. d'arquebuſiers.

Num. 7. 8. 9. 10. 11. 12. Six Comp. de muſquetiers Drageons, de 50. hommes chaſcune.

Num. 13. Vne Comp. de picquiers drageons.

Num. 14. Vne Comp. de corraſſes.

Num. 15. La moytié de la ſeconde Comp. des picquiers drageons.

Num. 16. Vne Comp. de corraſſes.

Num. 17. L'aultre moytié des picques drageones.

Num. 18. Vne Comp. des corraſſes.

Num. 19. Vne Comp. de picquiers drageons.

Num. 20. Le bagage.

M 3   B. MON-

B.

ONSTRE l'ordre du dit train pour vne bataille defensiue proposée en la figure 38.

Num. 1. Vne Compagnie des picquiers drageons.

Num. 2. Vne Comp. de corrasses.

Num. 3. Vne Comp. des picq. drageons.

Num. 4. Vne Comp. de corrasses.

Num. 5. Vne Comp. des picq. drag.

Num. 6. 7. Deux Comp. des lances.

Num. 8. 9. Deux Comp. des arqueb.

Num. 10. Vne Comp. des lances.

Num. 11. Vne Comp. d'arquebusiers.

Num. 12. Vne Comp. des corrasses.

Num. 13. 14. 15. 16. 17. 18. Six troupes des musquetiers drageons de 50. testes.

Num. 19. L'arrieregarde ou bagage.

CHAP.

CHAP. III.

Des guettes & quartiers de la
Cauallerie.

Vant a ce qui concerne les guettes, sentinelles, tant de iour que de nuict : Item les logis soit en cãpagne ouuerte, ou en villes & villages ; cõme aussi le rédez vous ou la place des armes : comment on se doibt asseurer des surprises, ou aussi surprendre l'ennemy aux quartiers : Le Seig: Basta en ayant donné pleine instruction en sõ traicté, du Gou-uernement de la Cauallerie legiere ; & moy aussi en ayant dit quelque chose en l'instruction de l'Infanterie : mesme en ayant a par-ler encores liures suiuants, ie ne m'y arresteray icy dauantage. Seulement adiousteray pour conclusion, deux figures, la 41. & 42. Esquelles le be-ning lecteur verra, comment les susdictes troupes sont logées en leurs quar-tiers en vn village, auec ses guettes & sentinelles. Comme Fig. 41. on voit les Compagnies, chascune en son quartier. Num.1. Sont les Lanciers logez au village pour le guet de nuict. Num. 2. les Corrasses. Num. 3. les Arque-busiers. Num. 4. les Drageons.

Fig. 42. Monstre le logis en campagne, & chascune troupe en son quar-tier. Num. 1. les Lances. Num. 2. les Corrasses. Num. 3. les Arquebuliers. Num. 4. les Drageons.

Finalement vois tu en la figure 40. comment en vne campagne ou-uerte destituée de toutes aultres commoditez, on fait vne closture ou ram-part des charriots.

DECLA-

DECLARATION DE LA
FIGVRE XLI.

VM. 1.2.3. 4. Sont les quatre sortes de Caual-
lerie, chascune en son quartier & au guet, au
village.
Num. 5. Le corps de garde du quartier.
Num. 6. La Sentinelle premiere.
Num. 7. La Sentinelle double.
Num. 8. La Sentinelle extreme.

Figura 42.

Vn logis en campagne auec les Compagnies entieres.
Num. 1. 2. 3. 4. Les Compagnies, chascune appart soy.
Num. 5. Le corps de garde.
Num. 6. La premiere sentinelle.
Num. 7. La sentinelle double.
Num. 8. L'extreme sentinelle.

Figura 43.

Num. 1. 2. 3. 4. Les quatre sortes de Cauallerie.
Num. 2. La closture des charriots.
Num. 3. Les entrees & chemins auec leur barres.
Num. 4. Les sentinelles & gardes de dehors.

Cin-

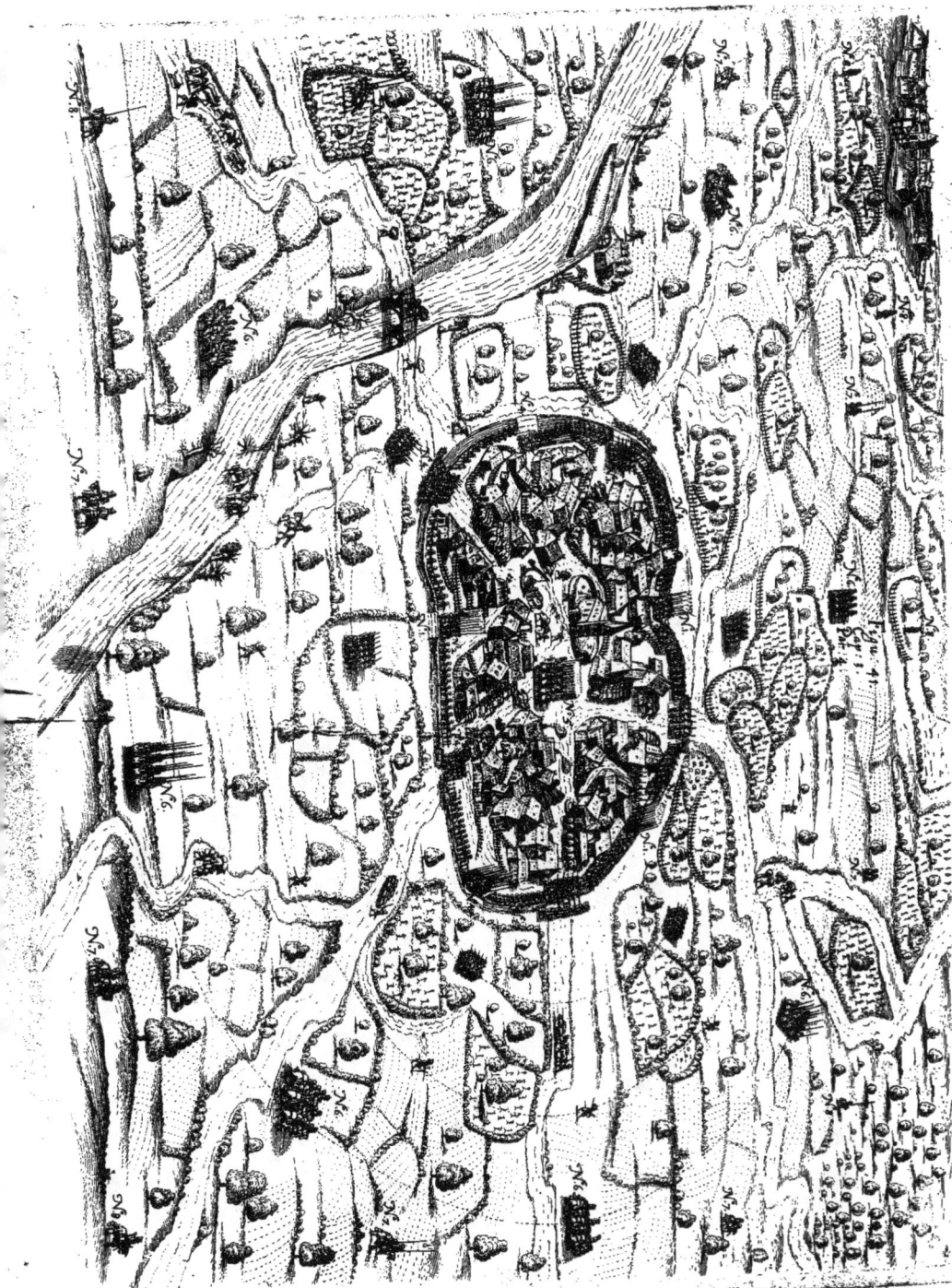

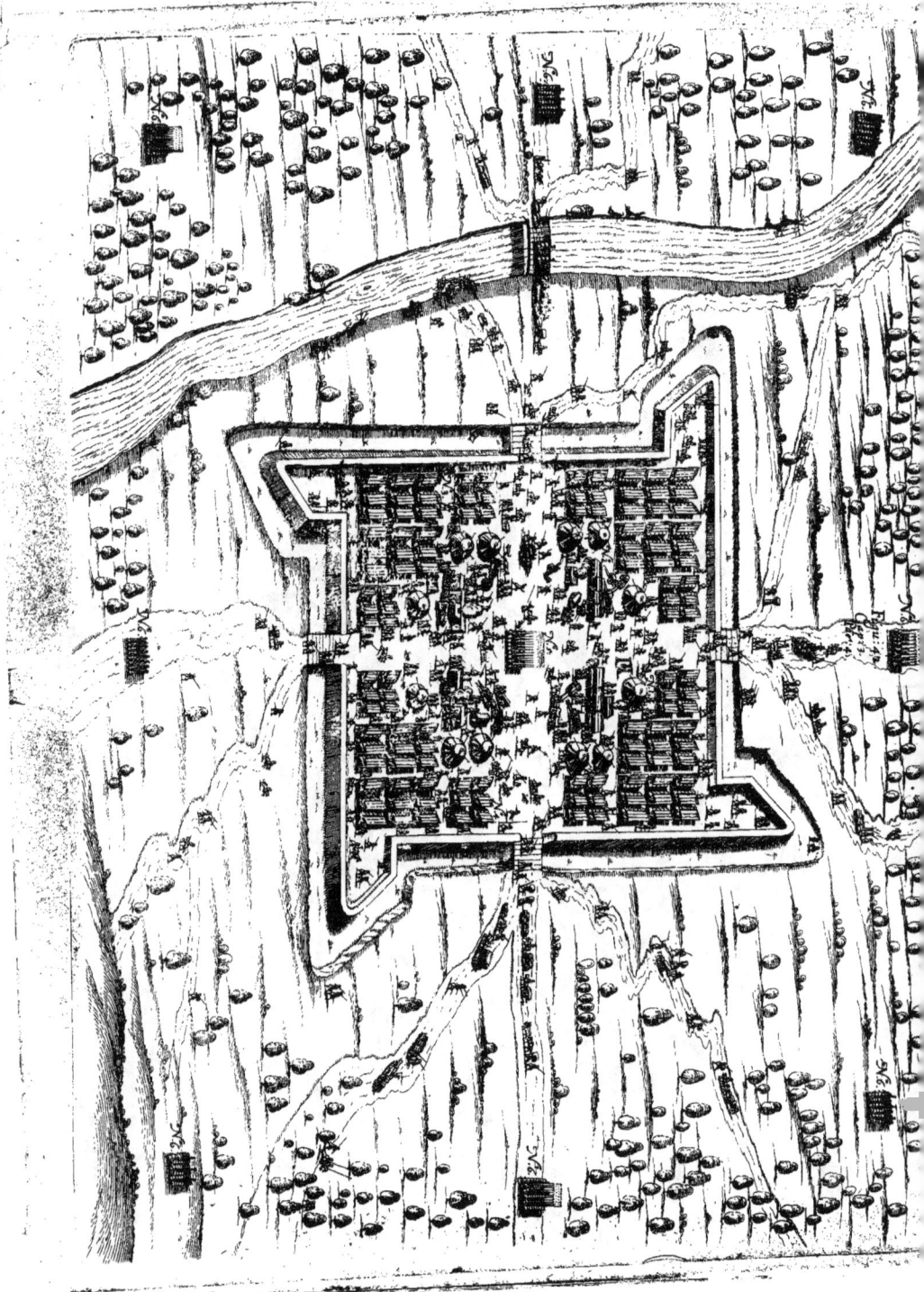

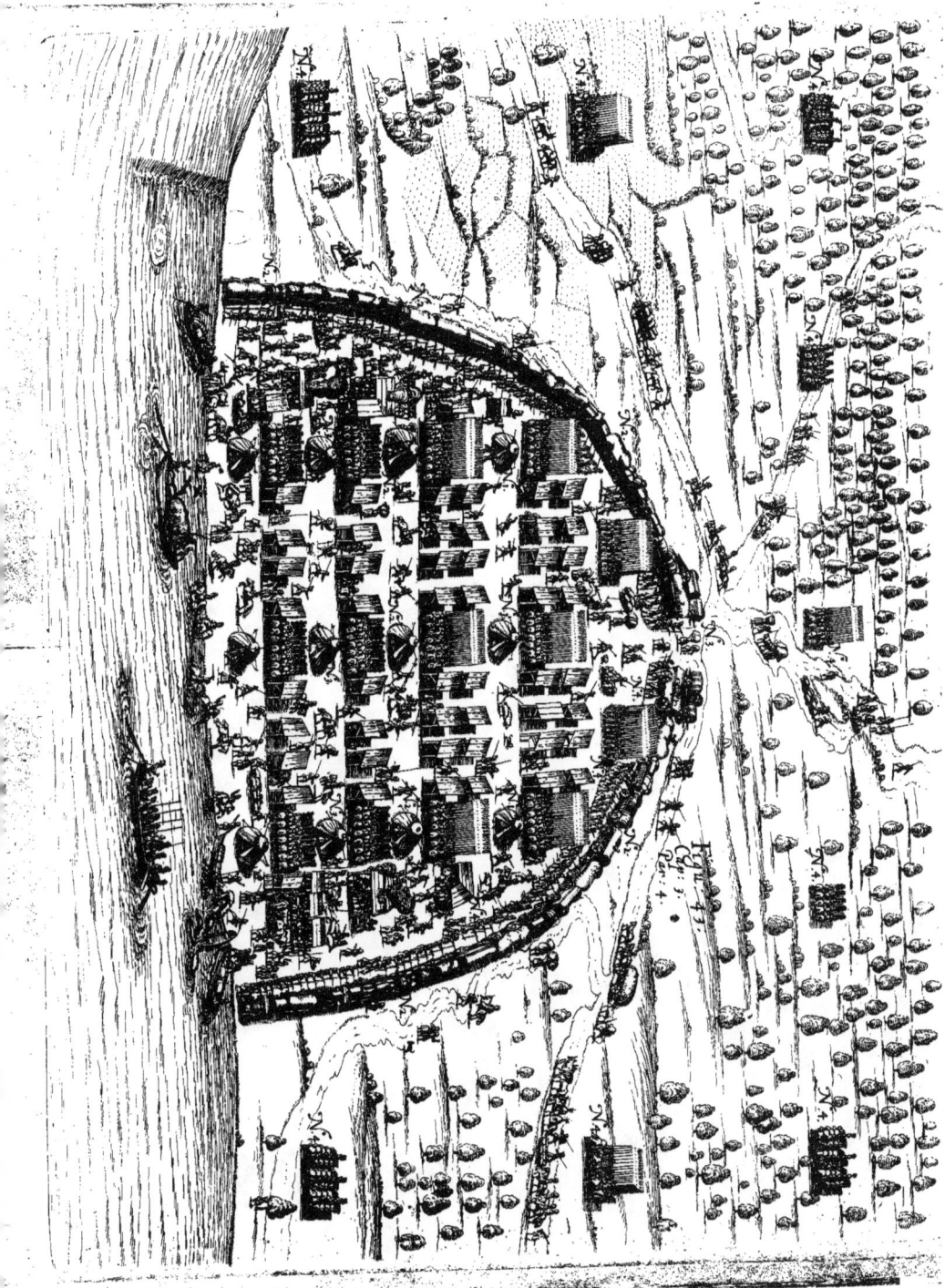

Figur II.
Cap: 3.
Part. 4.

Cinquiesme & derniere partie.

VN DISCOVRS DE DEVX
PERSONNES, MVSAN ET
MARTIN, SVR L' EXCELLENCE DE
L'Art Militaire, Soustenant qv'Ex-
cepté la Theologie, elle surmonte toutes les aultres arts & sciences, tant Liberales
que Mechaniques.

Vs: Ie te loüe, amy Martin, que tu as si bonne souue-
nance de ta promesse,& te presentes selon icelle. Car
toute la nui& je n' ay peu reposer, a cause du discours
que nous cómençasmes hier au soir: auquel auec grandes parades tu promettois, nó seulemét d'esleuer l'estat
militaire, mais aussi de demonstrer, qu' exceptant la
Theologie, il n'y auoit art ou science plus noble & excellente, que celle cy: l'osant nommer vne science ou art: Voire telle,
qui surmonte toutes les aultres qui sont au monde. Chose qui non seulement me semble estrange, mais aussi fort absurde, d'vn estat tant vil &
mesprisé entre tous hommes de quelq; entendement & raison. Voire
tant vil,que le plus pauure villageois, qui a peine n'a le pain a manger (je
me tais des gens de quelq; qualité) ne vouldroit bailler sa fille a vn soldat en mariage. Ioint que c'est non seulement vn estat mesprisé, mais
aussi odieux. Car, regarde, je te prie, auec quelle honte & mespris, sont
ils par tout aprés leurs brembes, leur donnant vn nom quelq; peu plus
honnorable de piccorée: & comment ils sont hais de tous hommes, grás,
petis,riches,pauures,ieunes & vieulx,en sorte qu'a grande peine,on les
endure parmy les chemins communs,tant s'en fault qu'on leur face quelq;
honneur & reuerence: ou que des gens honnorables ils soyent reçeux
en leurs maisons; comme on fait par tout aux gens de lettres. Et pour dire le vray, il me semble, que tu estois quelq; peu transporté du bon vin qui
parloit par toy:cóme il aduiét souuét aux soldats;qui ayáts chassé aux pou-
les, ou acquis quelq; piece d'argent, il n' y mieulx que de la despendre
incontinent, & auant de dormir:& alors ils se vantent de grandes prouef-

N
fes,

ſes, combats, desfaices, eſcarmouches, des grans butins, & aultres ſemblables merueilles, & grans faits, qui s'euaporent tous au ſommeil, de ſorte qu'au matin, quand ils ſe leuent, ils n'en ſcauent, non plus que s'ils n'y
auoint iamais penſé.

Ce que toutesfois (ne pren de male part le reſte) ie ne dis point de toy,
voyant bien que tu n' es point de ces gens la. Mais afin que ie ne t'entre-
tienne plus longuement, le grand deſir que j' ay d'entendre tes raiſons m'
a trauaillé toute ceſte nuict, & me trauaille encor pour entendre comment tu t' acquitteras de ta promeſſe. Et tant plus que j' y penſe, tant
plus l'abſurdité m'en fait croiſtre le deſir. I' ay trauaillé enuiron 24. ans
au camp des Muſes, & non ſans grande peine, pour m' enparer des ſept
arts Liberales: & n'en peuls eſtre trop content, d'ouyr que j' ayrois perdu
& ma peine de laquelle le poete dit.

　　　Multa tulit fecit que puer ſudauit & alſit:
& le iugemét de l' auoir ſi mal colloqué: & d' eſtre deuáćé d' vn eſtat tắt vil
& abieđ. De faiđ j' ay trauaillé, pour comprendre le fondement de toutes
ſciences & vertus, qui ſe trouué (comme tout le monde, remply des liurès
d'icelles, en rend teſmoignage) ſeulement en ces ſept arts liberales. Dont
encor je te prie, que ſelon ta promeſſe, & maintenát qu'il n'y a ſoubçon de
vin, tu me deduiſes tes raiſons, inuité auſſi meſme de la plaiſance de ce
lieu, t'aduertiſſant auſſi de le faire, comme perſonnage auſſi lettré, en
bon ordre & methode conuenable.

Mart.　Quant a noſtre diſcours d'hier, amy Muſan, je t'aſſeure que je ne
m'y ſuis auancé par orgueil ou ambition, ains j'y ay eſté pouſſé par toy
& tes compagnons. Car vous ayant (auec vn long & pénible ſilence de
ma part) ouy debattre vn chaſcun ſur la preeminence & dignité de ſa faculté, ſans vous pouuoir accorder, ſi non de vous reſouldre a la fin, que
vous eſtiez tous eſgualement inſtruiđs des plus nobles, vtiles & neceſſaires ſciences qui pourroint eſtre au monde: j' ay eſté comme forcé de
m'oppoſer ſouſtenant que ſans la Theologie, l'art militaire ſurmontoit
toutes les aultres arts. Ou je fus receu de ton brocard, qui me deman-
dois, ſi j'eſtois en bon ſens, ou ſcauois ce que je diſois? Mais j' y fis reſponce, que je n' eſtoy pas yure, & combien que par bóne Compagnie j'auoy
pris quelq; peu plus de vin de ma couſtume, je ſcauois toutesfois me
maintenir es limites de l' honneſteté. Et quant a vous aultres, voyant
que vous eſtiez quelq; peu plus eſchauffez, qu'il me ſembloit raiſoñable je
vous pomis d' en faire la deduiđe a jeun, & ne ſe pouuant faire en ſi peu de
parolles, comme vous m'interpelliez de le faire ſur le champ, j' ay demande ce temps plus commode, choiſiſſant meſme ce verd & plaiſant boſ-
cage. Sur quoy maintenant je me preſente, ſelon ma parolle & promeſſe. Mais quant a ta propoſition preſente, en laquelle tu dis l'eſtat de la
milice eſtre ſi vil & abieđ, voire tel, que pluſieurs aymeroint mieulx de
veoyr vn racleur de cheminee qu'vn malotru ſoldat: c' eſt vn aultre the-
me ou propoſicion, dont n' auons point eu de mention. Toutesfois je
te diray en ſon lieu, d' ou ce meſpris duquel tu nous fais reproche, luy
prouient. Demeurons a preſent ſur noſtre premiere propoſition: aſcauoir ſi l' art militaire eſt telle, qu' a bon droiđ elle doibue eſtre preferée
aux ſept arts liberales. Mais d' en parler en telle forme & tels termes,
　　　　　　　　　　　　　　　　　　　　　　　　　　　　que

que tu defires & comme on fait es Academies : fachez, mon amy, que
j'en ay perdu toute la memoyre. Car ayant accompli feize annees es armes, entre plufieurs bleffeures, maladies, chaleurs, froides, faim, foif,
grans efpouuantements, dangers de corps & de vie, je n'ay peu retenir
ces fatras fcholaftiques. De forte qu'il fauldrá que tu te contentes de
ma ronde fimplicité, en la deduicte de cefte matiere : & en eftant venu
au bout, tu le mettras, comme bon pedant, en meilleur ordre : afin que
ces grands Maiftres en reçoibuent auffi quelque delectation.

Muf: j'en fuis content, Martin, & puis que tu as oublié toutes ces pedante-
ries, je te pardonneray fi aulcunesfois tu t'aheurtes contre la logique.
Seulement paffe oultre, afin que nous voyons ce que tu veulx dire.

Mart. ARS MILTAIRIS eft conftitutio reuelatorum cer-
torum præceptorum, vtilitatem habés ad vitam humáná recte
gubernandá. C'eft a dire, L'Art militaire eft vne conftitucion de cer-
tains preceptes reuelez, ayant l'vtilité, de bien gouuerner la vie humaine.

Muf. D'ou te vient cefte definicion attribuée d'Ariftote aux arts liberales?

Mart. le le fcay trefbien, & que par icelle il veult maintenir, que les arts
liberales peuuent eftre honnorées de ce nom d'arts : mais fache, qu'il
l'á empruntée de l'efchole militaire, des maiftres de campagne ou de
camp des Lacedemoniens, Macedoniens, & Romains: & en faict comme vn certain bourgeois, qui ayant emprunté vn certain gage de fon
voifin, pour s'en feruir quelq; temps : & celuy dont il l'auoit emprunté,
commençant a refuer, & venant a mourir finalement fans hoirs, qui le
fceuffent demander, il le retient comme chofe propre, & en fit fon profit. Ainfi en eft il de voftre Ariftote & de vous aultres Meffieurs, qui ont
emprunté de Mars vne bonne quantité de regles & preceptes, & iceluy
commençant a refuer de vielleffe, & fes enfans ne s'en fouciants, beaucoup, vous les retenez comme proprietaires, & vous en feruez comme
de chofe qui vous appartient. Mais, peult eftre, le temps viendrá, que
vous en rendrez compte. Mais de cecy ailleurs.

Muf. Ceft bien vn propos eftrange, que j'oy de toy? bien digne d'en parler
plus clairement.

Mart. Mais ne le temps, ne noftre matiere, ne nous permettent d'y infi-
fter a prefent, & de beaucoup difputer pro & contra. Dont nous en
difcourrons fuccinctement, & s'il y refte quelq; fcrupule, je tafcheray
de te l'ofter a la fin.

Muf: Sus donques, oyants quelle eft ta fcience ou Art militaire.

Mart. Ceft vne Art ou fcience de bien guerroyer, ou fi tu l'aymes mieulx en
Latin Ars militaris eft fcientia bene bellandi.

Muf: Ita, ha, ha, y á il art ou fcience en la guerre? Donques les ruftauts, hommes, femmes, riches, pauures, ieunes & vieulx, grans & petits, qui fouuent n'ont que trop des guerres & defbats, y feront grans maiftres, en la
fcience de fe battre & arracher les cheueulx les vns aux aultres. Et quand
ou les villageois & bourgeois guerroyent ainfi, ils font mis ou a l'amende
ou en prifon, pour les deftourner de la prattiq; de cefte tienne art ou
fcience.

Mart. Ne ris, je te prie, trop hault, deuant d'entendre ce mot de guerre, le-
N 2   quel

quel je prens en ceſte definition , en ſa ſignification propre, en non
abuſiue, comme tu l'entends. Et de fait ſelon le ſens que tu luy donnes,
les chiens & les chats, les ſouris & les chats, voyre toutes ſortes de beſtes,
menent des guerres irreconciliables : qui plus toſt ſont des diſſenſions,
deſbats, inimitiez, haynes, ou aultres telles affections mauuaiſes , bien
eloignees de la proprieté, en laquelle j' vſe de ce mot. Dont comme au
liure premier je t'ay propoſé la propre ſignification du mot latin BEL-
LVM, ainſi te propoſeray-je icy la proprieté du mot GVERRE. Or ce
mot ſignifie l'effort de deux parties, deſquelles chaſcune voulant auoir ſa
raiſon, ou ſon droict en quelqʒ cauſe ou aultre choſe, & ne ſe pouuãt accorder, ſont vn amas de gens & armes pour obtenir par force leur droict pretendu. Dont celuy qui á la victoire, obtient auec icelle la choſe qu'il pretendoit, & l'aultre en á la perte & dommage. Et afin que tu l' entendes
bien : en guerre ily á touſiours deux parties. Pour exemple : Vn gran
Seig: fait amas de beaucoup des gens & des munitions. Cecy n'eſt pas encor vne guerre, mais bien vne preparacion : mais luy donnant vn ennemy ou party contraire, qui par force pretende quelqʒ choſe ſur luy : voylá
alors vne guerre. De ſorte que ce mot s'entend, de deux parties deba-
tantes & combatantes ſur quelque pretenſion, l'vne deſquelles emporte la victoire, & l'aultre la perte. Et ſans telles parties ne peult eſtre aulcune guerre: mais icelles ſe trouuant : voyla la guerre : & toutes deux
guerroyent ou a gain ou a perte, ou a honneur ou a honte: Et ſont tous
deux guerroyants en meſme degré, mais en effect diuers , l'vn en recebuant du bien, & l'aultre du mal.

Muſ. Mais n'eſt ce pas tout vn, de quelle maniere on guerroye?

Mart. Non. Car on guerroye en deux manieres: Par terre, & par eaux. Par
terre on guerroye a pied ou a cheual, auec aultres munitions requiſes,
& propres pour en vſer en terre, & a pied ferme. Par eaux on guerroye
a pied ſeulement & en bateaux.

Muſ. Quelle difference fais tu dauantage aux guerres?

Mart. En l' entree de mon premier liure, ou j'ay deduict en general la ſignification du mot BELLVM j'ay fait deux ſortes des guerres; vne Ouuerte, le-
gitime & publique: l' aultre Illegitime & inteſtine. Et ſont ces deux eſpeces ou offenſiues , ou defenſiues.

Muſ. Ces diſtinctions me contentent quelquement: mais puis qu'en ta definition de ton art militaire, tu dis, que c' eſt vne ſcience de bien guerroyer: qu'entends tu par ce mot bien? Et me ſemble, que tu veulx auſſi
faire vne difference de bien a mal guerroyer?

Mart. Tu dis vray, car ce mot n'y eſt mis pour neant: & de fait tout y eſt
compris, aſcauoir le commencement, le moyen & la fin de tous exploi-
icts militaires. Et recerchant toutes les hiſtoires & antiques & modernes, tant ſacrees que prophanes, tu verras que tous ceulx qui ont guer-
royé , ſe ſont touſiours euertué de bien guerroyer , encor que ſouuent
ils ont failly de leur deſſein, recerche comme les hiſtoires en teſmoignent, par tant des labeurs & dangers. Mais aulcuns , tant de ceulx qui
ignorent Dieu , que de ceulx qui en ont eu bonne cognoiſſance, en ſont
venus a bonne & heureuſe fin. Toutesfois ceſte maniere de bien guerroyer, combien que ſouuent prattiqué, & deſcript par pluſieurs n'a péu
eſtre

estre, iusques a l'heure presente, produist a son entiere perfection : & en voulant recercher curieusement toutes les causes, on ne trouuera aultre que celle cy, qui est comme la premiere & derniere, ascauoir que Dieu n'a voulu, qu'elle fut entierement manifestée.

Si tu consideres toutes les aultres arts & sciences, tu les trouueras quasi toutes au plus hault de leur perfection, & qu'a grande peine elles pourront monter dauantage. Mais quant a l'art militaire & la maniere de bien guerroyer, elle en est encor assez esloignée, cóbien que, cóme nous nous faisons a croyre, elle n'ayt esté jamais en telle haulteur & excellence, comme elle est maintenant ; qui n'est qu'vne fole persuasion des simples & qui ne s'y entendent, se trouuant tousiours (comme Dieu aydant je le demonstreray en aultres traictez suiuants) le contraire.

Mus: Cecy sont des poincts, qui me semblent encor aulcunement estranges. Aussi ay je souuentesfois leu que les arts liberales sont nommées A R T S : mais de ton art militaire, si tu ne me le monstres par exemples, je ne le peulx croyre, qu'il y ayt aulcun, qui iamais les ayt orné de ce tiltre tant honorable.

Matt. Afin donques de t'oster ceste lourde incredulité, je t'en proposeray, non pas vn, mais plusieurs exemples : esquels elle n'est seulement appellée art, mais telle, sans laquelle les aultres arts ne peuuent subsister. Et pour t'en tant plus asseurer, je reciteray de mot a mot les Auteurs, lesquels tu ne debuois ignorer. Et en premier lieu te proposeray Flaue Vegece, qui est bien l'vn des plus briefs, qui ont escript de ceste matiere, mais aussi des plus diligents ; lequel bien souuent & en diuers endroicts la nomme A R T Et premierement au liu. 1. cap. 1. *de re militari*, ou de la milice il faict l'exorde suiuant.

In omni prelio, non tam multitudo & virtus indocta, quam A R S & E X E R C I T I V M solent præstare victoriam. C'est a dire : En toutes batailles la victoire est coustumieremét obtenue, non tant par vne multitude & puissance inconsiderée, que par art & exercice. Item S C I E N-TIA rei bellicæ, dimicandi nutrit audaciam. Cest a dire, La science des choses militaires, ou de la milice, engendre vne audace au combat.

Lib. 1. cap. 20. Instruendos ac protegendos esse tyrones omni A R T E pugnandi.

Au prologue du second liure, il en parle bien proprement. Instituta maiorum (dit il) in A R T E armaturæ, plenissimé Clementiam vestram, peritissimeque retinere, continuis declaratur victoriis & triumphis. Siquidem indubitata approbatio A R T I S sit, verus semper effectus. Cest a dire : Il appert par les cótinuelles victoires & triumphes que Vostre Clemence retient trespleinement & tresciemment les constitutions des ancestres en l'A R T de l'armature, ou de la milice : Car le seur & vray effect y est vne espreuue indubitable de l'A R T.

Lib. 2. cap. 4. Necesse est inuictam esse Remp. cuius Imperator militari arte præcepta, quantos voluerit, faciet exercitus bellicosos. Cest a dire : Necessairement est la republique inuincible, en laquelle le Chef ayant cognoissance de l'art militaire, scait renfonçer ses armes aultant qu'il veult.

Lib. 2. cap. 12. Huic Tribunus præerat armorum SCIENTIA : & peu apres : fed etiam armorum ARTE perfecti &c.

Cap. 14. Qui omnem ARTEM didicerit armaturæ. Item Qui contubernales ad DISCIPLINAM retineat.

Cap. 15. Pilum arte & virtute directum.

Cap. 18. Omni armorum DISCIPLINA vel ARTE bellandi.

Cap. 23. Neque enim longitudo ætatis , aut armorum numerus ARTEM BELLICAM tradit. Item : Vt & ARS dirigendi , & dextræ VIRTVS poſſit accreſcere. Item : Si DOCTRINA ceſſet armorum , nihil paganus diſtat a milite.

Cap. 24. Studioſius oportet SCIENTIAM dimicandi. Item : au prologue du liu. 3. Artem præliorum ſcripſiſſe firmantur vſque eo. - Item : VIROS ſumma admiratione laudandos, qui eam præcipué ARTEM ediſcere volunt , ſine qua aliæ artes eſſe non poſſunt. Item : Qui ſecundos optat euentus , dimicet ARTE non caſu.

Lib. 3. cap. 2. Ex quo intelligatur quantò ſtudioſius armorum ARTEM docendus ſit exercitus.

Cap. 4. Qui fiduciam de ARTE vel viribus gerit.

Cap. 9. Quiſque hos ARTIS bellicæ commentarios. Item ſcientes ARTEM bellicam.

Cap. 10. Quis autem dubitat ARTEM bellicam omnibus rebus eſſe potiorem. Item : Cætera omnia in hac ARTE cóſiſtere. Et ſur la fin du chapitre : Ita erudiuit ſcientia & ARTE pugnandi.

Cap. 11. Præmiſſis leuioribus ARTIBVS belli.

Cap. 19. Tamen ARS belli.

Cap. 20. Ne ARTE pellaris.

Cap. 22. Quæ ratio militaris experimentis & ARTE ſeruauit Item : Nam DISCIPLINÆ bellicæ. Item : ſed credant ARTE aliqua ideo ſe reuocari. Item : licet ibi ARS plurimum proſit.

Lib. 4. cap. 30. Quæ ad oppugnandas & defendendas vrbes autores bellicarum ARTIVM prodiderunt.

Cap. 31. De cuius ARTIBVS ideo pauciora dicenda ſunt.

Cap. vltimo : Quæ ARTIS amplius in his frequentior vſus inuenit. Iuſques icy les propres termes de Vegece : oyants auſſi des aultres.

Sexte Iule Frontin en la preface ſur ſon liure premier : Eorum proprie vis in ARTE plerunque poſita proficit.

In præt. lib. 3. Nullam video vltra ARTEM materiam.

Lib. 3. cap. 13. Et nauticæ ARTIS peritum.

Ælian en la preface de inſtituendis aciebus : SCIENTIAM Græcis acierum inſtruendarum. Item : Et quidem de Homerica DISCIPLINA armorum. Item : Etiam ARTEM inſtruendarum acierum ſcripſere.

Æneas, genus bellicæ ARTIS in inſtruendis aciebus dicit eſſe SCIENTIAM bellicæ motionis.

I' eſpere que tu te contenteras de ces teſmoignages , voyant que l' art militaire eſt eſtimée des plus grans perſonnages eſtre VNE ART des plus grandes & ſignalees.

Muſ-

Muf. I'ay bien ouy les propres termes d'vn aucteur ondieux, que tu as alleguez, mais tu te fouuiendras encor de ce qu'on dit iustement, *Vna hirundo non facit ver*, vne seule arondelle ne fait ou aseure le printemps.

Mart. Pour te proposer tous les tesmoignages, de ceulx qui ont escript en ceste sorte de l'art militaire, il y fauldroit perdre beaucoup de temps, auec soubçon de t'ennuyer. Mais quant aux tesmoignages de ces trois principaulx, ascauoir de Vegece, Frontin & Ælian, ie les ay ainsi alleguez, pource que ce qu'ils en ont escript, ils l'ont recueilly selon leur propre confession des plus fameux & veritables historiens, qu'on auoit de leur temps; de sorte qu'ils peuuent seruir en lieu de plusieurs aultres.

Vegece en la preface sur son premier liure dit: *Licet in hoc opuscolo, nec verborum concinnitas sit necessaria, nec acumen ingenij, sed labor diligens ac fidelis: vt ea quæ apud diuersos historicos vel armorum disciplinam docentes, dispersa & inuoluta celantur pro vtilitate Romana proferantur.* C'est a dire: Combien qu'en ce traicté il n'est question de grande parade de parolles, ne d'esprit trop subtil, ains de bon & fidele labeur, pour recueillir ce qui en diuers historiens ou aultres, enseignans la discipline des armes, est espars & comme caché, & le produire en lumiere a l'vtilité de la ville de Rome.

Le mesme au prologue du troisiesme liure. *Horum sequentes instituta Romani, Martij operis præcepta & vsus retinuerunt, & literis prodiderunt; quæ per diuersos Authores librosque dispersa, Imperator inuicte, mediocritatem meam abbreuiare iussisti, ne vel fastidium nasceretur EX PLVRIMIS, vel plenitudo fidei deesset in paruis.* C'est a dire: Les Romains ensuiuants l'institution de ceulx cy, ont retenu & mis par escript les preceptes militaires, lesquels espars par diuers aucteurs & liures, Il vous a pleu, Empereur Inuincible, me recommander de les abbreger, afin de ne causer vn dégoust par vne trop grande longueur; & que de trop grande briefueté ie ne donne occasion de mescroyance.

Idem in prologo lib. 4. *Ad complementum ergo operis Maiestatis vestræ præceptione suscepti, rationes, quibus vel nostræ ciuitates defendendæ, vel hostium subruendæ, ex diuersis Authoribus in ordinem redigam.* C'est a dire: Dont pour l'accomplissement de l'œuvre, entreprise par le commandement de vostre Majesté, ie reduira, par ordre les raisons recueillies de diuers aucteurs, par lesquelles noz villes doiuent estre defendues, & celles des ennemis subuerties ou ruinees.

Sextus Iulius Frontin en sa preface dit: *Illud neque ignoro, neque inficior, etiam rerum gestarum Scriptores indagine operis sui, hanc quoque partem fuisse complexos: & ab AVTHORIBVS traditum, sed (vt opinor) occupatis velocitate consuli debet. Longum est enim singula & sparsa per immensum corpus historiarum prosequi: & hi qui notabilia excerpserunt, ipso velut aceruo, rerum, confuderunt legentem.* Et peu apres: *Huic labori non iniuste veniam paciscar, ne me pro incuriosò reprehendat, qui præteritum aliquod à nobis reperit exemplum.*

plum. Quis enim ad percenfenda omnia monumenta, quæ vtraque lingua tradita funt, fufficiat? Vnde multa tranfire mihi ipfe permifi, quod me non fine caufa feciffe fcient, qui aliorum libros eadem promittentium legerint. Ceft a dire: Ie n'ignore & ne nie pas, que les hiftoriens, ont auffi compris cefte partie en la recerche de leurs œuures, comme obferuée d'aultres Autheurs: mais auffi croy-je, que comme empefchez, on les debuoit fecourir, par vne deüe briefueté. Car c'eft vne chofe trop longue & fafcheufe, de pourfuiure toutes les particulieritez efparfes ça & la es trefgrans corps des hiftoires. Et mefmes ceulx qui en ont raccueilly les chofes plus notables, ont confondu le lecteur par vne trop grande multitude. Et peu apres: Et quant a moy, je ne feray mal de demander pardon, & prier que je ne fois tenu pour peu curieux, fi en cefte mienne œuure je paffe beaucoup des chofes. Car qui fera fuffifant pour fueilleter & defchiffrer tous les monuments, qu'on en trouue es deux langues principales. Ceft pourquoy j'ay trouué bon d'omettre plufieurs chofes: & ceulx qui auront leu d'aultres efcripts de ceulx qui promettent la mefme chofe, trouueront que je ne le fais fans grande raifon.

Ælian auffi dit en fon traicté, de Inftituendis aciebus: Verum enumerare OMNES, qui aliquid de re militari fcriptum reliquerunt, longum & fuperuacaneum eft: omnium tamen opera legi, & quid de ijs iudicem, dicam: Omnes fere ita vnanimiter fcripfiffe, quafi docere homines vellent, non ignatos, fed fatis earum rerum peritos, quas explicare ftatuerunt. Ceft a dire. Ce feroit vne chofe trop longue & fuperflue de raccompter tous les autheurs, qui ont laiffé par efcript quelque chofe de la milice. Toutesfois j'ay leu les œuures de tous, & en diray librement mon aduis: A fcauoir que tous d'vn accord, en ont efcript comme voulants enfeigner des gens, non du tout ignorants des matieres qu'il auoint a deduire ou expliquer.

Et quant a ces autheurs, ils ne font contents de dire qu'ils ont appris par longue experience, ce qu'ils ont efcript de cefte noble ART MILITAIRE: mais ils confeffent auffi rondement, qu'ils en ont raccueilly vne partie d'aultres auteurs, lefquels ils alleguent fans aulcun fcrupule: Et entre aultres principalement Ælian, qui recite par ordre les auteurs, defquels il s'eft feruy: A fcauoir HOMERE, qui eft le plus ancié de ceulx qui ont efcript de l'art militaire: Et entre aultres, de la maniere d'ordonner les batailles, & dit le mefme Ælian, qu'il a leu les œuures de Stratocle, Hernie & Frontin, de la difcipline militaire Homerique. Item qu'il a auffi leu d'aultres autheurs de rebus bellicis, comme vn Æneas, Cyneas, Theffalus, Pyrrhus, Epirota, & fon fils Alexandre, Clearchus, Paufanias, Euangelus, Polybius Megapolitanus, Eupolemus, Iphicrates, Pofidonius Stoicus, Bryon, & aultres tels quafi innumerables.

De forte que j'efpere que tu te contenteras, de ce que pour ce printemps je t'ay allegué, non vne mais plufieurs hirondelles, tenants vn mefme vol & mefme ronde fur l'excellence de noftre art militaire: & en pourrois alleguer encor dauantage, fi le temps le permettoit.

Muf. Ayant ainfi les propres termes deuant moy, j'en croyray quelque chofe, pour l'amour de toy, & concederay ton ART MILITAIRE eftre

vne

vne A,R T, mais en son lieu & rang, & comme on pourroit dire des arts
mechaniques, entre lesquelles il y a aussi aulcunes assez subtiles, & de bon
esprit & de dexterité de la main. Et de faict la militaire s' exerce aussi en
mesme sorte, frappant sus a force des bras, comme les villegeois battent
le bled. Mais de la comparer aux sept arts liberales, & les soldats aux
gens de lettres, je ne le peulx comprendre , & beaucoup moins qu'elle
les deuance. Il fauldra donques que tu m' en monstres des raisons plus
solides; sans lesquelles elle demeurera beaucoup en arriere, entre les mechaniques, comme je t'ay dit.

Mart. I' entens bien ce que tu veuls dire: Et pour te respondre selon l' exigence, il y fauldroit vt traicté appart: toutesfois pour m' acquitter en peu
des parolles, puis que tu dis que nostre art militaire doibt estre rangée
entre les arts mechaniques; si tu me monstres que tant des renommez autheurs ayent pris la peine, de descrire les arts mechaniques, je t' en concederay quelque chose. Mais que suis bien asseuré que tu n' en trouueras aulcun de quelque renom, qui jamais s'y soit employé.

Mus. Cest cela que je voulois: & te sera facilement monstré. N'as tu jamais
leu Virgile, ou Ciceron, ou Ouide, qui ont escript beaucoup des arts
tant rustiques que ciuiles. Et de semblables il y en á tant, qu'il seroit quasi
impossible de les raccompter tous.

Mart. Ie voy bien , amy Musan, que par force tu me veulx ranger entre
les mechaniques : Lieu qui te seroit beaucoup plus conuenable. L' A-
rithmetiq, la Geometrie, l'Astronomie, & la Musiq, sont de tes arts
liberales. Or n'ignores tu pas qu'on trouue beaucoup d' Arithmeticiens
entre les idiots, marchäts, merciers & artisans, surpassants en science, dexterité & habilité de ceste science, tous vos grans Maistres qui ont
consumé la meilleure part & de leurs ans, & de leurs biens es Academies. Et quant aux Geometres, ou les trouue on meilleurs qu' entre les
Ingenieurs, ordinairement telles gens, qui ne scauent encor que cest de
vos sept arts liberales. Astronomes, les plus dextres & veritables se trouuent entre les nautonniers , hommes presque barbares, & resemblants
quant au reste, & en aultres choses, les poissons, auec lesquels ils voltigent
le plus du temps, qui se mocqueront de ces opereuses demonstrations
de vos docteurs. La Musique, si tu t' en vas en Angleterre, Italie, Espagne
& aultres semblables lieux, tu la trouueras en les batteleurs & joueurs des
farces ou badins , qui onques n' ouyrent le nom des arts liberales plus
doulce & harmonieuse qu'entre vos Magistros artium , qui la pluspart
en scauent aultant qu'vn asne. Que dirois tu de la Mathematique, comment elle fleurit mesme entre gens qui ne scauent que c'est, & desquels
tu ne vouldrois estre, cependant combien que simples Mechaniques ils
surmontent de beaucoup, mesme les plus doctes professeurs de ceste art:
& te conseillerois que pour cacher ton ignorance es arts, desquelles tu
fais si braue profession, tu t' allois toy mesme mettre en leur rang, & apprendre mesme encor de ceulx la. Et d' aultre part , en quel labyrinthe
me mettrois je, si je te vouldroy raccompter tous les autheurs de grand renom, qui ont escript de la noblesse, excellence & vtilité de l' art militaire,
l'esleuant au plus hault degré d'honneur que possible: & ce par des raisons
tresiustes & tresueritables.

Muſ. je ſuis content, que ton art militaire ſoit Art ou ſcience : car voyant
tant des autheurs, je ſuis comme contrainct de conceder, qu'elle ſoit vne
art ſinguliere. Mais ſouuienne toy qu'en ta definition tu diſois, quelle eſt
vtile pour le Gouuernement de la vie humaine. Choſe tout contraire a
ton art militaire : ne voyant aulcunement que la vie, eſtat de l'homme, en
ſoit aulcunement melioré : ains pluſtoſt tant des Royaumes, villes & territoires deſtruits & ruinez du tout : Ioinct que c'eſt vn eſtat esloigné & de-
pieté & d'honneſteté, dont la vie humaine n'eſt aulcunement gouuernée,
ains deſtruicte.

Mart. Cecy eſt vne aultre queſtion, a la deduicte de la quelle il fauldroit
auoir plus de temps. Toutesfois pour te reſpondre en peu des mots, ſache, que comme en l'inſtruction de l'Infanterie, j'ay monſtré qu'il y a deux
ſortes des guerres, Legitimes & Illegittimes ; ainſi en ceſte queſtion le
nom de guerre eſt pris en deux ſortes. Car toutes les guerres, qui des le
commencement du monde iuſques a preſent ont eſté & ſont encores,
ſont ou permiſes de Dieu comme neceſſaires pour allancer, ou enuoyees pour punir. Comme pour exemple. Quand Abraham deliure ſon
couſin Loth: Moyſi fait combattre le peuple contre les Ammonites. Les
guerres de Ioſue, Dauid, & aultres: Et au Nouueau Teſtament le guerres des Chreſtiens contre les Sarrazins, Turcs & aultres infideles: ce ſont
guerres, voyre meſmes ſouuentesfois commandees de Dieu expreſſe-
ment, comme quand Saul recoit commandement de deſtruire Amaleck,
& aultres tels exemples, trop lógs a raccópter icy. Mais enuoyees de Dieu
pour punir, ſont celles que Dieu enuoye aulcunesfois ſur les reuesches &
impœnitens, en faiſant deſtruire leurs Royaulmes, prouinces, territoires
& villes par ſa Iuſtice, comme au Vieu Teſtament on voit le peuple, pe-
chant contre ſon Dieu, aſſailly de ſes ennemis enuoyez de luy pour cha-
ſtier la deſobeiſſance. Et ſemblables guerres enuoyees de Dieu eſtoint
ſouuent esmeux, non ſeulement par des infideles, mais auſſi par aulcunes
du propre peuple. Comme on voit au liure des Iuges, que les onze tribus
Iſrael ſont eſmeues par punition de Dieu contre la tribu de Beniamin,
iuſques a quaſi l'extreme desfaicte. Ainſi en eſt il encor pour le preſent, y
a il des guerres immiſſiues ou enuoyees de Dieu, comme des fleaux pour
punir les pechez des hommes. Ainſi te fault il noter la difference entre
guerres neceſſaires, & immiſſiues. La premiere ſorte eſt bonne, comme
par laquelle, comme on voit au Vieu Teſtament, L'Egliſe de Dieu a eſté
beaucoup auancée. L'aultre eſt vne punition de Dieu, qui tend a la deſtruction des meſchants.

Muſ. je ne ſuis encor paſſé ſi auant en l'eſtude des guerres, que pour donner
mon aduis ſur tant des diuerſitez par toy alleguees, ie ne m'oſe ñer de moy
meſme : & fauldra que ie conſulte auec mes Docteurs Academiques iuſques ou je te doibs croyre. Cependant il me ſouuient auoir leu en dedi-
cation de ton inſtruction de l'Infanterie, que les arts liberales ont pris
leur delineaments & perfection de l'art militaire. Propos tant hors de propos & raiſon. Car ſeroit il bien poſſible, qu'il y eut entre nous amateurs
des arts liberales Baccalaures, Maiſtres, Cadidats, Licentiats, Docteurs, & entre vous aultres quelque accointance? Ie vouldrois bien que
tu m'oſtaſſes ce ſcrupule, qui m'eſt de trop dure digeſtion. Et quant a
                                                                        moy,

moy, je panſois eſtre inſtruict en telles arts, que vous aultres, gens de
guerre & farouches debuoiez adorer, tant s'en fault que vous les pourriez
aulcunement meſpriſer, comme eſtants empruntees de vous.

Mart. Ie t'en diray la verité tant ronde & ſimplement. L'eſchole, dont la
diſcipline & art militaire eſt iſſue, eſt bien plus ancienne, voire iuſques
a l'enuiron de mil ans, que celle de vos arts liberales. On liſt Gen: 27.
Que Eſau eſt inſtitué de ſon pere, le Patriarche Iacob, pour eſtre homme de guerre, quand il luy dit, qu'il viura de ſon glaiue. De ſorte que meſme des ce temps, les enfans de Patriarches ſe ſont addonnez a l'eſchole
& diſcipline des armes. Comme auſſi il eſt dit du meſme, qu'il eſtoit bon
archer. Et de fait, il y a pluſieurs coniectures de ſa dexterité es armes,
eſquelles ayant douze fils, douze Princes, il les á auſſi ſans aulcune doubte diligemment exercez: & depuis ce temps la, la ieuneſſe y á eſté touſiours inſtruicte auec grand ſoing: dont ſont reuſſis de tels archers, qui ti-
roint a vn poil ſans faillir. Entre les gentils, l'art militaire eſtoit enſeignée publiquement es eſcholes, comme pour le preſent vos arts liberales; ayant leurs profeſſeurs & precepteurs pour inſtruire & exercer les
Tyrons. Et Homere, combien de temps a il employé pour deſcrire ceſte
diſcipline ou art en faiſant profeſſion publique, comme ſes eſcripts en
rendent bon teſmoignage.

De Themiſtocle dit Plutarche en ſa vie, qu'il fut diſciple de Phrearius,
qui en eſtoit ne Orateur ne Philoſophe, ains Profeſſeur de l'art militaire.
Platon auſſi eſtoit Profeſſeur de ceſte art: & ces deux nobles & preux
ieuns hommes Chion & Leonides, qui ouirent le tyran Clearche, ſont
ſortis de ſon eſchole. Entre les Romains: Vegece liu: 1. ch: 4. dit, que
le ieun homme ſe doibt exercer en toutes armes, pour tenir bon ordre
& garder ſon rang, pour lancer ſa picque ou iauelot auec force requiſe,
gouuerner ſon eſcu ou rondace auec dexterité, que les coups de l'ennemy
en ſoyent detournez &c. Theodore en Caſſiod: L. L. dit: que l'art militaire doibt eſtre appriſe & exercée en temps, afin qu'elles ne defaille au
beſoing. Caton á luy meſme exercé ſon fils es armes auec grande diligence. Voire en Rome il y auoit de lieux propres, eſquels on faiſoit profeſſion publique de l'art militaire: & tant a Rome qu'en aultres endroits
on n'enuoyoit la ieuneſſe a aultres eſcholes, qu'a celles la. De ſorte que
les plus nobles enuoyoint leurs enfans auſſi toſt qu'ils auoint atteint les
7. 8. ou 9. ans, aux champs & au labeur, pour pouuoir en apres tant mieulx
ſupporter les labeurs de l'exercice militaire, Et de fait, les enfans n'ont
point eſtez enuoyez aux eſcholes comme on fait au iourd huy, pour y apprendre la langue ou grecque ou latine, qu'eſtoint langues naturelles &
maternelles de ces peuples, ains ſeulement pour eſtre duits aux armes: &
de la les eſcholes des arts liberales, comme tu les nommes, ont pris & le
nom & le commencement. Et comme ces ieunes eſcholiers eſtoint nő-
mez ſoldats de Mars: comme ceulx qui s'exercoint au ieu Martial auec
grande diligence, zele & hazard: les profeſſeurs de vos arts en ayant pris
vn patron, & imitant la diligence & labeur en vne aultre maniere, ont appellé leurs eſcholiers *Milites Muſarum*, des ſoldats des Muſes. Et
de la le commencement de vos eſcholes & arts, dites liberales, non pas
qu'elles ſoyent telles, mais pource que ceulx qui y eſtudient ſe perſua-

dent

dent, mais a tort, exempts de toute peine & labeur. Et voit on qu'au commencement, vos arts n'estoint en telle estime & reputation, que l'art militaire, qui estoit beaucoup plus penible & laborieuse, dont on en disoit en commun:

Multa tulit fecitque puer, sudauit & alsit. Et comme vos arts floriffent au iourd' huy es escholes, ainsi floriffoint du passé les exercices militaires entre les Greqs & Romains; Voire aussi entre plusieurs aultres peuples & nations.

Et combien que l'art militaire ayt comencé a decliner, es villes particulieres, qui desireuses de nouueauté vouloint estre estimées nourrices des arts liberales & pacifiques, si est ce, on en a chassé les professeurs de plusieurs & villes & terres, pource qu'on voyoit que soubs beaux tiltres la ieunesse s'accoustumoit a l'aise de l'oysiueté, & se rendoit inhabile aux armes. De quoy je pourrois alleguer plusieurs exéples. Mais estudieux de briefueté, je n'en raccompteray que cestuy-cy. Comment en print il aux Carthaginois instruisants selon la persuasion de quelques pretendus Philosophes leur ieunesse, auec omission de la discipline militaire, aux arts liberales? Ascauoir, que Marcus Attilius Regulus, bon soldat & Capitaine, qui auoit aussi vaincu les Samnites, corrompus aussi per mesmes moyens, les surmontá en vne bataille nauale, leur ostá en la mer 64. vaisseaux, & mettant pied en l'Affrique, gaigná sur eulx 300. villes & chasteaux, les abbattant en sorte qu'ils ne peuuent reprendre haleine. Car leur ieunesse accoustumée a l'aise de ses arts liberales, ne pouuoit manier les armes pour luy faire resistence: Dont auec leur confusion ils furent contraincts, de cercher ayde chez Xantippe Roy des Lacedemoniens, afin que comme bon maistre de l'art militaire, il y enseignast aussi leurs gens. Et leur reussit cecy si heureusement, que le dit Xantippe, mettant leur milice en bon ordre, & les enseignant en l'art militaire, non seulement ils firent en apres teste au dit Regulus, mais le vainquirent aussi finalement.

Semblables exemples te pouuoint estre racontées de plusieurs aultres villes. Et asseure que la methode des arts liberales est empruntée de l'art militaire: & si maintenant elles fleuriffent, si ne viendront elles iamais a telle fleur & reputation, comme á esté celle de la milice.

Mus. Il me semble que tu vueilles du tout mespriser voire reietter les estudes des bonnes lettres, leur attribuant la cause de la ruine de plusieurs republiques. Mais je t'en monstreray tout le contraire: Ascauoir que les plus grans & renommez Capitaines, comme ce Grand Alexandre, Iule Cæsar & aultres se sont faict estimer par estude & scauoir des bonnes lettres.

Mart. Tu dis bien, & je le confesse aussi, que les plus grans ont esté amateurs des arts liberales, & des bonnes lettres. Mais en quelle sorte ou maniere? Seulement pour leur plaisir, & pour pouuoir mettre par escript les beaux Stratagemes & aultres succes, qu'ils ont eu. Puis il n'ont faict estimé, que de ceulx qui ont escript de l'art militaire, sans se soulcier de lire quelques aultres. Alexandre ne sit estat que d'Homere, lequel il aymoit tant, que se mettant au lict, il le logea soub son oreillier. Mais quant aux arts liberales, iamais ils n'y ont vacqué, comme on fait maintenant: ne se seruant

des

des eſtudes, que pour vne recreation ou delectation : La où la milice e-
ſtoit leur principale occupation, comme le ſeul moyen pour paruenir aux
vrays honneurs, & s'acquerir vne renommee eternelle. Et tandis que l'art
militaire floriſſoit, eſtant preferee aux arts liberales, les choſes alloint
mieulx au monde. Bien concederay-je, que celuy qui a bonne cognoiſſance des arts liberales, ſera taht meilleur Capitaine : mais cependant ſuis-
je touſiours de ceſt aduis, que ces deux ſoyent coniointes, & que l'art militaire ſoit auſſi propoſee a la ieuneſſe, que les arts liberales. Ce qui ne ſe
faiſant pour le preſent en l'Allemaghe, j'en prens vn preſage d'vne ruine infaillible, comme il ſera deduict ailleurs. A laquelle toutesfois on
pourroit obuier, ſi de bon heure on changeaſt d'opinion ; afin que les
compleintes n'en viennent trop tard. Et principalement aurions nous
l'occaſion en ce temps d'eſleuer ceſte art plus hault, que iamais elle ne fut
au monde, auec grande vtilité & auantage de toute la Chreſtienté.

Muſ. Qu'entends tu par les ſoldats de Mars & des Muſes, dont n'a gueres tu fis mention ? Car ils ont le meſme nom de ſoldats, auec la ſeule difference de Mars & des Muſes.

Mart. Tu as entendu donc & les vn & les aultres ont eu leur origine, tant
entre les Greqs que Latins ou Romains. Car les eſcholes, eſquelles l'art
militaire eſtoit enſeignee, contenoit les eſcholiers ou ſoldats de Mars :
& celles où on enſeignoit la doctrine des bonnes meurs, auoit les ſoldats
des Muſes. Or eſtoit la ieuneſſe premierement enſeignee en l'art militaire, & es meurs enſemble, de ſorte qu'il n'y auoit qu'vne ſorte de ſoldats,
aſcauoir de Mars. Mais auſſi toſt que ces Philoſophes diuers ſe ſont mon-
ſtrez, auec leur ſophiſteries & piperies, ſe preſentants auec ſi beaux pre-
textes des lettres & arts liberales a la ieuneſſe, qui ne vouloit toutesfois
perdre le nom des ſoldats, ils en ont fait des ſoldats des Muſes. Sans toutesfois auoir ſi grande neceſſité de changer de nom ; eſtants les ſoldats
de Mars auſſi bien exercés es aultres lettres, vertus & ſciences, que ceulx
cy. Comme nous voyons en Plutarque, que ce grand Caton, grand
Philoſophe exercoint ſon fils au maniement de toutes ſortes d'armes, monſtrant par ſon exemple, que ceulx de ſon eſtat auoint l'art militaire en
treſgrande recommandation : ce qui ſans l'inſtitution receüe en la ieuneſſe, ne pouuoit eſtre aucunement. Et alors les camps de Mars & des
Muſes n'eſtoint ſeparez, comme ils ſont au iourd'huy : ains ont touſiours
eſtez conioincts, iuſques a la venue de ces Philoſophes houueaux, qui voyants qu'au camp de Mars ils eſtoint peu eſtimez, pource qu'ils ne trai-
ctoint que des choſes pueriles, les ont ſeparez : & ce auec la perſuaſion que
par le moyen des lettres, on pouuoit acquerir honneur, reputation & im-
mortalité, ont attiré vne bonne partie de la ieuneſſe, qui volontiers fuit le
labeur a leur party.

Il eſt bien vray que ces inſtituteurs des ſoldats des Muſes, ont fleuri au
commencement, mais s'a eſté auec la corruption de la ieuneſſe, & ruine
& deſtruction de pluſieurs grandes republiques. Eſtant les ieunes gens
detournez des armes & de l'art militaire, pour ſe iouer à l'aiſe de comme-
dies Tragedies, ou pour mieulx dire des farces telles, que nous voyants des
badins Anglois qui ſe mocquent meſmes de ceulx qui y deſpendet l'argent.
L'art donc militaire, venant ainſi a s'amoindrir, auec l'accroiſſement des

lettres:

lettres : en eſt auſſi peu a peu defailly la force (choſe aſſez deplorable)
auec l' iſſue d' vne ruine generale , comme on le peult demonſtrer par
pluſieurs milliers d' exemples. Par ſemblables profeſſeurs & profeſſions
ſont ruinez les Lacedemoniens, les Romains, voire quaſi toutes les prouinces, villes & republiques, qui ont cerché la vertu, nobleſſe, & immor-
talité. Conſidere le ſeul exemple de la Monarchie Romaine : quelle eſt
la cauſe de ſa decadence ? Non aultre que celle-cy : Que les Philoſophes
& languarts Orateurs, comme Ciceron & aultres ont voulu gouuerner la
republique de leurs plumes, la rempliſſants de liuees auec l' aboliſſement
des armes, & de l'art militaire. Dont la ieuneſſe trouuant l'exercice plus
aiſé, depoſant les armes, commença a iouer des plumes, & fantaſtiquer
ſur les arts liberales, iuſques a enſeuelir l' art militaire d' vn honteux &
pernicieux oubly. Quelle eſt la cauſe de ceſte debilité de la Chreſtienté, tant trauaillée pour le preſent du Turc? & d' ou vient a niché ſi auant en
noſtre Europe? Non aultre que celle-cy, aſcauoir que ces Philoſophä-
ſtres Academiques, appellant la ieuneſſe au camp des Muſes, a ſi bon marché ont deſolé celuy de Mars : & en lieu des armes tant honorables, que
vtiles & neceſſaires luy ont mis des plumes, & des caiers remplis de leur
ſoles & inutiles reſueries entre les mains. Et voy iuſques où ces pedants
ſe ſont auancez : Aſcauoir que les plus beaux & plus nobles eſprits ſe ſont
rendus ſemblables a eulx : & en lieu des braues ſoldats, nous ont remply
le monde de faineants de noble langue. Conſidere ie te prie , Amy Muſan, le meſpris, auquel pour auiour-d'huy ſe trouue la nobleſſe ; que pluſieurs perſonnes d'eſtat des Princes, Contes & pluſieurs Nobles Cheualiers croupiſſent es eſcholes , pour apprendre & enſeigner l'A. B. C? Voy l'
Eccleſiaſtique remply de pluſieurs milliers de grans & nobles perſoñages,
qui ayants oublié leur eſtat , & l' honneur de leur anceſtres , & lieu de la
cuiraſſe, ſe veſtent d' vn malheureux frocq, en lieu de la diſcipline militaire, en laquelle leurs peres ont veſcu honnorablement ſe vaultrent comme
pourceaux en toute immondice, ſeduiſts ſeulement en leur ieuneſſe par
les tromperies de ces clamants , & perſuadez, que la vertu & l' honneur
s'acquiert a l'ombre en la chaleur du four, en tel aiſe? Mais quel en eſt le
fruit? Nous l'auons veu paſſé quelques centaines d'armees, aſcauoir que la
Chreſtienté en eſt quaſi toute corrumpüe : & eſt meſueillé (ſi nous n'y
recognoiſſons la Prouidence admirable de ce bon Dieu, qui nous entretient & ſouſtient , ſans aulcun noſtre merite) qu'il nous reſte encor vn
ſeul pied de terre pour la demeure & repos des Chreſtiens. Et de fait non
ſans grande raiſon. Car regarde les guerres paſſees d'Hongrie ; comment
ont elles eſté menées? Certes en telle maniere qu'il a bien de quoy ſe ple-
indre. Les plus nobles & vaillants eſprits , ont eſté enuoyez & entrete-
nus es eſcholes, cloiſtres & prelatures, & en lieu d' iceulx on s' eſt conten-
té d' vn grand nombre de lourds ruſtauts & villageois ignorants & ſans
aulcune cognoiſſance de vertu & integrité, qui oppoſez a ces barbares, ne
penſent la plus part a aultre choſe que leur ſolde au butin, ou a vne hon-
teuſe fuite, s'il y a du danger. Combien penſes tu qu'on trouueroit des
perſonnages nobles, reclus es cloiſtres? & au contraire quel petit nombre en trouuera on en campagne ? Et quelles pertes s'en ſont enſuiuies?
De tout cecy, ces pedants & recommandeurs des arts & Muſes, en ſont
　　　　　　　　　　　　　　　　　　　　　　　　la cauſe.

la caufe. Et fe pallient encor cauteleufement, que la parolle & honneur
de Dieu en eft auancé: mais pluftoft, pour dire le vray, empefché: veu
que ces bons & nobles efprits plus propres aux armes qu' aux plumes,
enyurés d'oyfiuete & de pareffe, commencent ordinairement (je m'en
rapporte a l'experience) a fonger & refuer fur des queftions & difputes
curieufes & inutiles, par lefquelles l'Eglife de Dieu eft troublée, la parolle
tirée en doubte, & plufieurs fimples fcandalizez. Certes le nombre de
femblables eft fi grand, que je ne doubte nullement, que les ayant tous
affemblez, on en faifoit vne armée baftante, non feulemant pour refifter
au Turcq, mais auffi pour l'en chaffer de fon propre territoire: comme
je te le monftreray plus au cler en vn aultre & plus propre endroict.

Muf. Certes amy Martin je t'oy auec fingulier plaifir: & vouldrois que tu
paffaffes auant en ce difcours: mais fur ta promeffe, j'en auray la patience, iufques a la fin de noftre propos. Or as tu demonftré aulcunement,
que les fept arts liberales, ont leur origine de l'art militaire; qu'au commencement elles eftoint ioinctes enfemble, mais qu'a la fin la pareffe en a
faict le diuorce: Monftre moy auffi fi l'art militaire a tels principes, parties, regles & preceptes, comme nous auons en nos efcholes, es de nos
arts liberales.

Mart. Ie le feray volontiers, auec cefte affeurance, qu'en toutes arts, fciences & facultez, tu n'auras (excepté la Theologie) iamais veu ne ouy des
principes, regles & preceptes plus veritables & affeurez & parfaicts (fans
tant des exceptions & appendices ou arriere boutiques) comme elles font
en l'art militaire. Comme, Dieu aydant, tu le verras, quand au quatriefme
luire je mettray en auant toute l'art, auec les regles & perceptes de chafcune de fes parties, pour fatisfaire aux efprits amateurs de cefte tant noble fcience. Cependant tu fueilletteras quelque peu les auteurs, qui en ont
efcript; pour véoir s'ils ne font mention des principes; parties, regles &
preceptes auffi bien que ceulx qui ont efcript des arts liberales.

En l'art de l'Infanterie, tu as vne partition, en laquelle premierement
tu vois les principes ou elements pour l'exercice d'icelle, afcauoir le maniement de l'arquebus & mufquet. Puis, comment on tire par files &
rangs. Tiercement, le maniement de la picque. Pour le quatriefme l'exercice de toutes deux armures. La cinquiefme partie monftre la bataille
ordónée d'vne enfeigne. La fixiefme, la bataille d'vn regiment entier. Et
ainfi des aultres parties, defquelles chafcune a fes regles & preceptes, par
lefquels elle eſt produicte a la perfection.

Au fecond liure de la Cauallerie, tu as auffi fes parties, & les regles
& preceptes de chafcune.

Au troifiefme & cinquiefme, tu verras auffi les parties auec leur principes regles & preceptes, mifes auffi par ordre, & expliquees au liure quatriefme.

De forte que, pour retourner a noftre propos, les arts liberales font
iffues des efcholes militaires, dont auec le temps les Philofophes ont emprunté les regles & preceptes, comme ils les auoyent veues en icelles. Or
n'y traittoit on ou commencement que des moeurs; & en eftoint pro-
pofez les preceptes tant en Grece qu'en l'Italie, & langues naturelles des
pais: la ou maintenant pour eftre inftruits en ces arts, il y fault tant de têps
& de

& de labeur, sans les despens, que c'est vne pitié d'y veoyr suer la ieunesse
en ces deux langues; & ce sans aulcune necessité. Car toutes ces arts, &
les facultez mesmes se pouuoint enseigner & apprendre en nostre langue Allemande & maternelle, comme on voyt en France, qui á toutes
les arts & facultez, & toute la Philosophie auec louange en sa propre langue, & y sont enseignées publiquement. Et nous Allemans nous amufons & tourmentons tant apres la Grecque & Latine, comme si nous n'a-
uions vne langue si entiere & perfaicte pour y pouuoir expliquer ces arts,
que les aultres nations: & singes que nous sommes, trauaillants apres icelles, nous oublions la nostre, & ce qui nous estoit plus vtile & necessaire.

  Certes nous en aurions plus d'honneur & de louange, que les arts &
sciences, puis que nous les estimons necessaires, se vissent & peussent entendre en nostre langue maternelle, pour y gaigner pour le moins la meilleure partie du temps, & l'appliquer a la milice, qui n'est de moindre,
ains de plus grande vtilité & necessité.

  Ioint qu'en ce siecle tant heureux on nous fait, ne sçay quelle, esperan-
ce d'vne Inuention, pour pouuoir apprendre toutes sortes de languages
en six mois de temps. Mais j'ay belle peur que ce ne seroit au profit de nos
Academiques. Mais aussi il me semble que s'ils commençoint a proposer
en langue maternelle, les choses qu'auec si grande apparence & labeur
ils traictent en langues estrangieres, eulx mesmes en auroint honte. Et de
fait si vn idiot, non toutesfois despourueu de bon sens, montoit auiourd'-
huy en leur cathedres pour expliquer vn Terence ou Virgile, ou Ouide
auec si grand soing & solennitez, que font ces docteurs de nostre ieunesse, en langue Allemande: je n'ay aulcune doubte, que tous ceulx qui l'or-
roint, voire ces bachilliers & Maistres mesmes, l'estimeroint estre fol.
Ioint que non sans raison je demande si ces autheurs, qui sont tant ma-
chez & remachez a nostre ieunesse & auec telle perte de temps & despés,
sont dignes d'estre leus & estimez entre les Chrestiens? certes je dis qu'il
vauldroit mieulx qu'ils fussent tous abolis & iettez au feu. Car quels sont
les fruicts de crainte de Dieu, de vertu & d'honesteté qu'on en peult rac-
cueillir? Ie n'en diray dauantage, m'espargnant, Dieu aydant, pour quelq;
aultre occasion. Seulement t'asseure, que si vn de ces autheurs resuscité
des morts, vid & entendit auec quelles solennitez, labeurs & sueurs nos
Academiques traictent & proposent leurs Muses, c'est a dire leur fables
& folies, desquelles ils se sont seruis, comme de quelque recreation; lais-
fant cependant & ne se soulciant de ce qui estoit de leur plus serieuse occupation, ascauoir l'art militaire, comme nous auons monstré cy deuant,
que les plus grans Philosophes s'y sont occupez, sans doubte aulcune,
il se plaindroit de la trop grande folie, voire vilaine ingratitude de nostre siecle. Et non a tort: car du plomb de leur folie, nous voulons pui-
ser sagesse, de leurs fables & inuencions d'esbat, nous voulons distiler côme bons Alchymistes l'or de la verité: & quant a ce qui nous debuoit e-
stre plus precieux que l'or mesme, nous n'y pensons pas vne fois.

  Et si quelque Allemand, ou d'aultre nation, eust presenté a ces sages
du passé quelque poeme, comedie ou tragedie, ou aultre semblable e-
script en sa langue maternelle, le recômandant de telle dignité & vtilité,
pour estre expliqué en leurs escholes: que penses tu qu'ils en eussent dit?
                                                                    Voyla

Voyla Amy Mufan, jufques ou nous fommes tranfportez par la fraude & aftuce du diable, qui a bafty fes efcholes entre nous ; que delaiffans la verité celefte, & noftre bien, nous nous amufons es fables, inuentions, poefies & folies des payens, & les propofons a noftre ieuneffe auec fi grands labeurs, & folennitez & parades, comme fi c'eftoint des fainctes reliques. Ne diroit pas que nous fommes plus grans fols & idolatres que les gentils mefmes?

Car je te prie encor, encor vne fois, regarde auec quelle admiration, louange & hôneur femblables fatrats font traictez (aufli mefme des Theologiens) en nos Academies. Les autheurs font appellez Lumieres, Dieux, & leurs efcripts efleuez iufques aux cieulx, & ce auec telle impudence, que celuy qui fcait mieulx prifer les auteurs payens de fa faculté, voire iufques a leur donner place entre les efleux de Dieu (ce qu'on oyt d'aulcuns Theologiens) eft eftimé plus docte & lettré, que les aultres, qui retenus peult eftre par quelque fentiment de confcience, y font aulcunement moderez. Si cecy n'eft vne bien lourde Idolatrie,) je confeffe ne fcauoir que c'eft d'Idolatres.

Certes c'eft vne Idolatrie bien grande & lourde, que le diable par fes rufes & cautelles tant auancé, qu'il l'a aufli fait glifler en nos efcholes, afin que la tendre ieuneffe, de fon naturel encline aufli a ce peché, ne faillit d'en eftre embeüe de bon'heure. Chofe bien deplorable: mais aufli digne d'admiration, quand on vouldroit recercher pourquoy ce Grand & Bon Dieu donne tant de permiffion au diable, de tromper ainfi & feduire tant des milliers d'ames. Et d'ou eft ce, je te prie, qu'on voit au iour d'huy le Royaume du diable tant auancé & accreu entre les Chreftiens ? dont font prouenus tant des fchifmes & herefies, tant de debats en l'Eglife de Dieu, fi non (pour le moins en bonne partie) de ces arts liberales, & de la Philofophie, de laquelle l'Apoftre S. Paul nous aduertit, tant inftammêt de nous en donner garde. Et certes depuis la cheute de nos premiers parens, il n'y a plus propre moyen & prattique, pour auancer la perdition du refte de leur pofterité, que celle cy, afcauoir l'inuention, & recommendation de quelques arts pretendues liberales.

Car comme efprit trefmalicieux & fraudulent, fachant que les Chreftiens du Noûueau Teftament, gouuernants leur efcholes & fynagogues, a la façon du peuple de Dieu en l'Ancien, felon la parolle receüe des Prophetes, & les loix tant Eccléfiaftiques que politiques donnees par Moyfe, qu'ils y auroit trefgrand auancement du Royaulme de Dieu, & deftruction du fien: il s'eft inceffament trauaillé pour y introduire fes arts liberales, afin que par icelles ils fuffent detournez de l'ordre ancien & tant falutaire. Et ce contre la tant ferieufe & diligente ordonnance de Dieu. Car Dieu mefme y ayant propofé des ordonnances & ftatuts tant Eccléfiaftiques que Politiques, meilleurs & plus propres, que nous n'aurons iamais, & fi parfaits & accomplis, que parmy tous les peuples de la terre, il n'y a des femblables : a vifé non feulement a ce bout, qu'ils en foyent diftinguez de toutes aultres nations; mais aufli que fon peuple n'euft occafion, d'en cercher & apprendre des gentils, de peur des entafcher aufli de l'Idolatrie d'iceulx, l'aduertiffant mefme de s'en garder.

Laquelle ordonnance & aduertiffement debuoit bien eftre remarquée

P   des

des premiers Docteurs du Nouueau testament, tout au commencemét, pour se garder des loix & ordres & ceremonies des gentils, aultant comme de l'Idolatrie mesme. Entre lesquelles choses les sept arts liberales inuentees d'eulx ne sont du moindre danger: introduictes toutesfois auec si grande apparence, & receues auec si grand zele; sans toutesfois aulcune necessité. Car encor qu'on mettroit tous les Sages, Legistes, Docteurs, Philosophes, auec toutes leurs arts & sciences ensemble, si ne pourroint ils, tout aultant qu'ils sont, trouuer & donner des loix & statuts plus simples, propres, conuenables, vtiles & parfaicts, que celles qui sont proposées au Vieu & Nouueau Testament. Et croy moy, que si ce Grand Dieu, seul sage, Legislateur tresparfaict, & fidele auteur & fondateur de toute bonne ordonnance, y eust desiré plus d'artifice & apparence mondaine il l'y pouuoit aussi monstrer, & n'y fairoit defence si diligente du contraire: de peur que son peuple y trouuant quelque goust, n'en fut si dangereusement corrompu.

Mais le diable, ne pouuant par ses ruses & finesses, induire ceulx de l'Ancien Testament a courrir apres la sagesse, loix, statuts, meurs, & disciplines (entre lesquelles choses je conte a bon droict vos arts liberales, lesquelles aussi bien en ce temps la) des gentils: il en est venu auec grande ruine des Chrestiens (Dieu ayt pitié de ceulx qui y sont surpris en leur simplicité) a bout au Nouueau testament, nous faisant payer bien cher nostre curieusité, asçauoir a perte des armes. De sorte qu'a bon droict on pourroit exercer & mauldire, celuy qui suiuant le malheureux desein du diable, a esté le premier a les enseigner & recommander entre les Chrestiens.

Et de faict, ce serpent cauteleux sçauoit bien, que les Chrestiens du Nouueau Testament se contentants des loix, statuts, ordonnances, voire de la sagesse Diuine, qui leur estoit suffisante pour toutes arts & sciences, comme on fit au Vieu Testamét; son regne n'en prendroit aulcun accroissement: Les a assailly tant plus instâment, leur proposant ces choses nouuelles, pour se maintéir & soy & son regne. C'est pourquoy l'Apostre nous aduertit tant instamment, qu'en ce dernier temps nous nous donnions de garde, non seulement de son gran courroux, mais aussi de ses ruses & finesses: desquelles, ne pouuant par force du glaiue des tyrans & persecuteurs raser les fideles du tout de la terre, & mesme que par la persecution rafinez, comme l'or en la fournaise ils alloint tousiours croissant, il les a assailly par la Philosophie, laquelle par ses prattiques & si subtiles menées, il a en fin introduit en l'Eglise, & recommandée iusques a l'esgaler a la parolle de Dieu mesme, sans estre ou a gran peine apparceu: comme je te le demonstreray plus au cler en son endroict. Mais d'aultant que ceste matiere est hors de nostre propos, duquel je me suis, & le confesse, esloigné quelque peu plus que de raison, sans esgard de regles & de la dialectique & Rhetorique, je te prie de ne le prendre de male part, y estant transporté par la consideration de la malice & peruersité de nostre siecle.

Mus. Et que sera ce a la fin? Et enchasseroit on a ton aduis, les arts liberales tant mesprisées & mauldites aussi de toy auec leurs inuenteurs & Professeurs, des escholes & Academies? Quel desordre? quelle ignorance plus que barbare en ensuiuroit?

                                                                    Mart.

Mart. Ie ne dis pas, mon amy, que les sept arts liberales cessent es Academies: Aussi ne les veulx je mespriser : je ne parle que de l'abus & pro-
phanation des dittes arts, & de ceulx, qui en sont trompez & seduits.
C'est pourquoy j'y adiouste ce mot en partie. Et dis que ces arts, &
sciences, ascauoir Grammatica, Dialectica, Rhetorica, Ethica
& Physica, doibuent estre enseignees es escholes, ainsi qu'on les y en-
seignoit deuant enuiron 4000. ans, & deuant la venue de Christ es Sy-
nagogues, & comme aussi Christ mesme, comme grand Professeur de la
sagesse Diuine & celeste, les y à traictées: Lequel quand il vouloit enseigner
le peuple, n'vsoit de la Dialectique ou d'Aristote, ou de Rame, ne de la
Rhetorique de quelque aultre renommé de cest art : aussi ne mettoit en
auant Virgile, Ouide, Ciceron, Platon, Caton, ou aultres semblables saincts canonizez en nos escholes : mais il mettoit en auant les e-
scripts des Prophetes, & en l'explication simple d'iceulx il monstroit son
art & science plus fidele qu'opereuse, & apparente; comme on auoit de
coustume de faire au Vieu Testament: auquel nonobstant ceste simplicité, le diable auoit fait glisser les schismes & sectes des Phariseens, Sadu-
ceens & Esseens, par le moyen de la Philosophie & arts liberales.

Si doncq tu demandes d'auoir en ton eschole les arts liberales, y de-
sirs tu d'auoir grandes sciences, grans & haults mysteres, tu les y peulx
auoir, les prenant du Vieu & Nouueau Testament, ausquels tu trouueras
assez de la besoigne, & plus qu'entre tous les Philosophes qui ont esté des
le commencement du monde iusques a present. Et si tu ne scais, ou elles sont proposees auec leur regles & preceptes particuliers au Nouueau
Testament, je suis content de te les demonstrer, mais en aultre temps.

Mais de ce que tu dis, que ce seroit l'occasion d'vne ignorance plus
que barbare en la Chrestienté: j'en dis tout le contraire: voire t'asseure
que par ce moyen, la barbarie introduicte en la Chrestienté par des inuentions, arts & dogmes friuoles, en seroit ostée & chassée. On y auroit
au lieu de tant des problemes Sophistiques, tant d'apparence de sagesse,
la sapience de Salomon, des Prophetes, de Christ, & de ses Apostres, en
place de la Dialectique d'Aristote, celle de l'Apostre S. Paul. En lieu
des Loix ciuiles & Canoniques, de tant des Comments d'vn Bartholus, & Baldus, & aultres. La loy de Dieu donnée par Moyse, les com-
mentaires des Prophetes & Apostres, esquels tous les droicts & ciuils &
Ecclesiastiques sont traictes & expliques a suffisance. Et n'auons besoing de Bartholus ou Baldus, qui ne sont Legislateurs de l'Eglise de
Dieu, proueüe par Dieu mesme des loix plus sages & sainctes, que tous les
Legistes du monde ne pourroint trouuer ou donner.

Mus. Les escripts des Philosophes Greqs & Latins sont proposees es escholes a la ieunesse, d'aultant qu'ils sont plus purs en ces langues; & afin que
la ditte ieunesse les y puisse tant mieulx apprendre, en puisant la cognoissance des fontaines plus pures & saines, auec les sciences mesmes qui
y sont comprises. De sorte que celuy qui a quelque iugement, ne peult
mespriser ceste maniere d'enseigner & arts, & langues ensemble, comme
singulierement propre & profitable. Mais qu'en dis tu Martin?

P 2   Mart.

Mart, Ce n'eſt qu'vn manteau & couuerture des Academiques. Et ne ſcais tu quels parolle de Dieu, tant riche en toutes doctrines, arts & ſciences, ſe trouue en tous languages qui ſont au monde ? Car depuis que Ptolomée Philadelphe, Roy d'Ægypte la fit tranſlater par ſeptante & deux interpretes en langue Grecque, tout le monde en eſt venu á la cognoiſſance. Et comme le Vieu Teſtament a eſté eſcript en Hebrieu pour les luifs, le Nouueau en Grecq pour les Gentils, ainſi par la grace de Dieu, & le ſoing de nos anceſtres, les auons nous tous deux, chaſcune nation, & meſme nous Allemans, en ſa langue naturelle; de ſorte que pour en a-uoir l'intelligence, nous n' auons pas beſoing de ces langues eſtran-gierés.

　　Comment fait on pour le preſent en France, en laquelle on ne ſe ſoul-cie de la langue Latine, y ayant les arts liberales auec toutes aultres ſcien-ces & facultez, & y eſtant propoſees, traictees & expliquées publique-ment en ſa langue naturelle? Et pourquoy ne pourrions nous faire le meſ-me en noſtre langue, auſſi riche & parfaicte qu' aulcune des aultres qui ſont au monde. Ou bien puis qu'on veult entretenir les langues, il fa-uldroit mieulx d'employer le temps en l'Hebraique & Grecque, princi-palement pour les eſtudiens de la Theologie, eſquelles la Vieu & Nouueau Teſtament ſont eſcript originellement.

Muſ. I'enteńs bien ce que tu veulx dire: aſcauoir qu'es Academies auec les aultres arts & ſciences, on fit auſſi profeſſion de l'art militaire. Ce qui ne ſe fera iamais. Et quelle confuſion, de propoſer tantoſt les bonnes lettres, tantoſt les armes? De ceſte façon, il fauldroit que tous les Pro-feſſeurs fuſſent premierement ſoldats: qui eſt vne choſe abſurde & ridi-cule. Fais en l'eſpreue, & tu verras comment tu y ſeras reçeu.

Mart. Vrayement tu m'as bien entendu. Qu'il ſe face, ou non, je ne m'en ſoulcie, moyennant que de bon coeur & conſcience, i' en aye dit mon ad-uis. Mais de la confuſion, dont tu as ſi grande peur; il n'y á a craindre. Car combien que les Profeſſeurs demeurent chaſcun en ſon eſtat & condi-tion, ſi ni auroit il aulcune difficulté de conioindre ces deux camps, de Mars & des Muſes, comme ils eſtoint du temps de la fleur des Monar-chies: & ſans doubte de ceſte heureuſe & agreable conionction, comme de Mary & de femme ſeparez a tort ſi long temps, la vieille milice en ſeroit remiſe ſus, auec vne generation de pluſieurs preux & nobles Eſprits & Cheualiers.

Muſan. Voire: Mais par ce moyen, les armes & les lettres eſtants traictees enſemble es Academies, on y trouueroit plus des ſoldats que des eſtu-diens : & pluſieurs parens trompez, qui attendants des Docteurs ou po-litiques ou Eccleſiaſtiqués, en receburoint des ſoldats. Choſe qui ſans ce-la n'aduient que trop ſouuent.

Mart. C'eſt cela que je pretens. Car quant aux Docteurs & gens de lettres il y en a que trop au monde, qui ſe mangent l'vn l'aultre, en ſorte, que maint grand Docteur & ſçauant perſonnage eſt contraint de ſe ſuſtenter de ſi pauure ſolde, que meſme vn valet d'eſtable ne s'en voul-droit contenter. Et quel profit pour le reſte ? Certes s'il n'y en auoit tant, il n'y auroit aultant des diſputants, clamants, guerriers a l'ombre &c. ſe perſecutants les vns les aultres auec plus grande cruaulté, que ne font

les

les plus barbares en leur guerres : & au contraire il y auroit des bons &
preux soldats a suffisance, pour s' opposer a tous ennemis : accoustumez
selon la discipline Grecque & Romaine, au maniement des armes, & esle-
uez en icelles des leur ieunesse. Ioint que les parens, se trouuants, comme
tu dis, trompez, n'auroint de quoy se plaindre, s'estimats, singulierement
heureux d'estre peres des Esprits si nobles, genereux & heroïques. Cependant je concederay aussi cecy, ascauoir, que les guerres deburoint aussi
estre gouuernees & menees aultrement, qu'elles ne sont pour le present,
car aultrement il n'y auroit ne ordre ne honneur.

Musan. Ie voy bien, qu' aussi en ce poinct, tu vouldrois aussi introduire v-
he nouueauté, comme vn certain Ratichius, pretendant vne nouuelle
didactique, ou maniere d'enseigner. Et me semble, qu'il y á bonne corre-
spondence entre vous.

Mart. Tu me charges a tort, de vouloir introduire quelque nouueauté. Car
ce que je dis & pretens n'est poinct nouueau, ains tres ancien, & prattiqué depuis le temps des Lacedemoniens & des Romains, auec grande
vtilité. Dont je vouldrois le pouuoir reduire & mettre sus entre nous, &
par toute la Chrestienté. Et quant au susdit Ratichius, je confesse d'estre
desireux de sa familiarité, ou amitié, come d'vn personage tressage, qui ne
cerche aultre chose que d'auancer les bonnes lettres & toutes aultres sciences, sans ce penible, laborieux & trop precieux detour, auquel & peres
& enfants, sont trauaillez a present auec grande perte du meilleur temps
de la ieunesse, & l'argent qui y est despendu. Et combien qu'il soit chargé
de l'enuie de plusieurs, si est ce que la verité demeurera tousiours verité,
& son dessein treslouable. Et il dit, comme vn personnage singulierement
sçauant (pleut á Dieu que son dire fut receu auec telle foy & zele, qu'il
le propose, & auance deuement de tous Princes & Seigneurs & aultres
qui en ont le pouuoir) que les arts liberales & toutes sciences, & facultez
se peuuent traicter & enseigner en nostre langue maternelle, aussi bien
& mieulx qu'en la Latine ou Grecque. Et dit verité. Ces langues ont
esté originelles & maternelles a ces peuples la, aussi bien qu'a nous l'Allemande: de sorte que ce n'est qu'vne maniere de rage, ou pour le moins,
default de bon sens, qu'on se laisse tant trainer des Academiques, auec
si gran labeur & despens, apres ces langues estrangieres, pouuant auoir
tout ce qu'ils pretendent, en nostre propre langue. C'est le desordre &
fole perte & de temps & despens, que le dit Ratichius a remarqué es e-
scholes & Academies, y cerchant le remede.

Ie te prie, pourquoy ne pourrions nous aussi bien traicter les arts &
disciplines en nostre langue, que les Gentils en les ont traictees en leurs
langues maternelles? Et regarde comment ces Academiques nous ont pris
soubs le ioug des gentils, pour apprendre d'eulx les arts pretedues liberales,
mais non liberales, ains captiues en leur langue? Et quelle fraude ou enuie,
de nous promettre des arts & sciences tant vtiles, mais en langue estran-
giere, en laquelle ils ne peuuent estre entendus si bien, que commettants
quelque faulte, ils ne trouuent tousiours quelque trou d' ambiguité, par
lequel ils eschappent, & nous suspens en disputes? Et n'est ce poinct vne
malice & enuie damnable, qu'on entretient la Chrestienté par des scien-

ces tant vtiles, mais cachees, en vne langue incognue : la ou les proposant en la propre langue de chascune nation, tout le monde s'en pouuoit seruir ?

Muſan. Tout bellement, tout bellement Martin, Car ſi tu cries trop hault, & que nos Academiques oyent ceſte tant lourde & malgracieuſe chanſon : tu ſentiras plus des plumes contre toy dreſſees, que tu n'as des chéueulx ſur ta teſte.

Mart. Ha, Ha. Ie me ris de moy meſme, j'eſtoy ſi attentif, attendant la menace de quelque grand combat, duquel je ſerois aſſailly, de ſorte que j'en commençoy ſentir quelque apprehenſion. Et à bon droiÄt me ris, de ce que je m'eſpouuantois ſi facilement, attendant d'eſtre menacé de coups de canon, muſquet, picque, lance, ou d'aultres ſemblables armes : mais va bien que ce ne ſont que plumes. Tu parles certes comme vn ſoldat (tels que vous eſtes tous) des plumes. L'encre eſt voſtre pouldre, la plume eſt le Canon, muſquet & picque. Armes bien ridicules. Mais vien vn peu au camp Mars, je t'en monſtreray dès aultres manieres des vrais ſoldats & non fainÄts, comme vous aultres.

Muſ. Ie ne veulx plus eſtriuer ſur ta milice : Soit ART ou nõ, je ne m'en ſoulcie trop, eſtimant plus noſtre camp auquel nous deuenons vieulx : la ou au voſtre la plus part meurent en leur ieuneſſe, & ſur l'apprentiſſage. De noſtre part n'y á ſi grand danger. Toutesfois pourſuy ton propos commencé, de demonſtrer que l'art militaire ſurmonte les arts liberales, & toutes aultres ſciences qui ſont au monde.

Mart. Ie le feray ſimple & rondement a la ſoldateſque, & comme je l'ay appris ſans beaucoup des parolles & ambages, & ſans les argutations & ſophiſteries vſitees en vos Academies. Mais quant a toy, ſi tu ne trouues ma maniere de diſcourrir trop au gouſt des Academiques, comme bon Philoſophe & vſité en ſemblables choſes, tu les mettras par meilleur ordre, afin qu'ils ne s'en degouſtent, deuant que de m'auoir ouy & entendu.

Et pour le premier. Ie dis : Que toute art & ſcience, qui pour eſtre bien compriſe & prattiquée, requiert pluſieurs aultres ſciences particulieres, eſt plus haulte & eſtimée, que les dittes arts ou ſciences dont elle ſe ſert.

L'Art militaire requiert pluſieurs aultres arts & ſciences,

Ergo L'Art militaire ſurmonte de beaucoup les aultres arts & ſciences.

Or eſt ce vne choſe claire, que l'art militaire, ſe ſert de pluſieurs aultres arts. Car pour la bien prattiquer, il fault eſtre bon & parfaiÄt Arithmeticien, pour repartir vne armee en ſes eſquadrons, troupes, files & rangs. Et s'il n'eſt bien iuſte en ſa calculation, iamais il n'en viendrá a bout. Et Voyla l'Arithmetique Pour exemple : Ayant vne armée d'vn, 2. 3. ou pluſieurs milles ſoldats, deſquels il fauldroit en haſte faire vne bataille, quarrée, ou longue, ou large, ou eſtroiÄte, ou poinÄtue, ou ronde, ou de quelconque ſorte que l'occurrence la demande, il ſe ſeruirá de l'Arithmetique, qu'elle luy en monſtre le repartiſſement.

La Geo.

La Geometrie luy fert auffi de guide en l'art de fortification, fans laquelle il ne s' y peult entendre, ou employer auec quelque profit.

Ainfi en eft il auffi des aultres arts & fciences. Car le foldat fe fert de toutes. La Rhetorique luy fert grandement, & fouuent luy eft d'importance finguliere, comme je n pourrois alleguer plus de mil exemples. Et de faict il y á maint braue Capitaine, qui par vne oraifon ou harangue bien ordóné e & propofée en temps ferá plus enuers fes foldats, voire auffi enuers les ennemys, qu'vn aultre par le grand effort de fes armes. La Iurifprudence eft auffi grandement eftimée en la milice, & prattiquée auec grande fincerité. Car en vne fi grande diuerfité des accidens qui fe prefentent en guerre, nous y auons toufiours la iuftice affeuré, mieulx qu'es villes & cours, fans aulcun fard: ne auffi danger de la bonne caufe. Comme je te le monftreray en fon lieu.

Ie ne me veulx icy amufer aux particularitez des aultres arts liberales. Et pour alleguer toutes les Mechaniques, & monftrer comment le foldat s'en fert, il y fauldroit bien du temps, & a gtan peine en trouueroit on vne feule, qui ne foit feruice, fans celles qui font propre & vniquement occupees a la forge de fes armes. Et voyci le premier argument pour l'excellence de l'art militaire, par deffus toutes les aultres.

Pour le fecond: Toute fcience qui engendre les plus grands honneurs & dignitez par laquelle on eft auancé aux offices plus honorables, & on acquiert grand accroiffement de reputation (excepte toufiours la Theologie) eft la plus excellente & plus haulte, & de tous a bon droict plus eftimée.

L'Art militaire engendre les plus grans honneurs &c.

--Ergo.

Et qu'ainfi foit, c'eft vne chofe claire & affeurée par tout le monde. Car tous Empereurs, Rois, Princes, Contes, Barons, Cheualiers, nobles, viles, Gouuerneurs & tous Officiers, ont leur origine de la milice.

Ce que iamais tu ne me diras de tes arts liberales. Car combien que tu prendrois & employerois toutes tes Grammaires, Dialectiques, Rhetoriqües, & tout le de quelconque nom, tu n' en feras iamais vn roy, ne aultre telle perfonne d'eftat. Bien en feras tu vn bon Bachillier, Maiftre &c. bon pedant pour tourmenter la ieuneffe, mais au refte inutile a toute aultre charge.

Mufan. Quel profit y a il doncq au móde des foldats. Voire je te monftreray, que ceulx qui ont efté efleuez aux plus grandes dignitez, y font paruenus par le moyen des arts liberales, & que fans icelles iamais ils n'y euffent afpirer.

Mart. Ne fçais tu, amy Mufan, comment il fault diftinguer entre les moyens, par lefquels on acquiert quelque chofe, & la chofe mefme? Les arts liberales & les fciences font bien des moyens affez propres & conuenables pour paruenir aux hõneurs, & cependãt ne font les hõneurs mefmes. Voire je te dis auffi que les arts liberales ne font feules les moyens, ne moyens fuffifans: Et te pourroy alleguer plufieurs Rois, Princes, Seigneurs &

aultres

aultres accreus de grande reputation par l'Art militaire seulement, sans auoir aulcune cognoissance de tels arts liberales.

Pour le troisieme, Toute art ou science qui requiert plus de peine & labeur, frais, diligence, & soing, pour la comprendre, est a bon droict preferée aux aultres.

L'Art Militaire requiert plus de peine &c.

--Ergo.

Et qu'il y fault plus de peine & labeur, frais, diligence & soing a la pratique de l'art militaire, qu'es arts liberales: il est tout asseuré. Car considere, je te priē, de combien de diuersitez le soldat est occupé, tant en hyuer qu'en esté, soit en Campagne, ou en guarnison.

S'il fait profession de bon soldat, il fault, qu'il sache des le moindre poinct iusques au plus grand, tout ce qui est de sa charge. Il fault qu'il sache tous les elements, & ce qui est du maniement du musquet. Il fault qu'il soit bien iuste au tirer. Il fault qu'il sache proprement vser de ses armes, soit contre la Cauallerie ou Infanterie. Il fault qu'il sache auec grande prudence ordonner ses batailles & se maintenir auec grande dexterité tousiours sur ses auantages au combat. Il fault qu'il sache bien ordonner son train au marcher. Il fault qu'il sache bien ranger ses files & rangs, pour les serrer & ouurir a propos & selon l'opportunité, les tourner a dextre, senestre, ou de quelconque sorte que la necessité le requiert. Il fault qu'il sache proprement accommoder les armes, soit a la defensiue ou a l'offensiue. Il fault qu'il sache comment il doibt gouuerner toutes ses guettes, gardes, corps des gardes, sentinelles simples, doubles, de nuict, de iour ordinaires, extraordinaires &c. soit a cheual ou a pied. De iour il est chargé de ses armes, de nuict il veille en la pluye, au vent, en froid, en neige, en tempestes, & aultres incommoditez, ausquels tousiours il s'accommode auec grande prudence & patience.

Il fault aussi qu'il soit accoustumé au trauail. Car souuent il fault prendre la pale, hoyau, pic, serpe, hache ou coignée en main. Il y a des fosses a faire, de ramparts a demolir en haste; il y a des tranchees, retranchements, des mines & des galeries, a faire ou a destruire par contremines. Il a des forts, bouleuarts & des approches a faire, ou pour ruiner le camp ennemy, ou pour sauuer & garder le sien. Il y a aussi aulcunes fois des surprises & entreprises, esquelles il s'y doibt mettre ou par force, ou par subtilité & prudence militaire.

Il scait comment bastir ses tentes, cabanes, maisons, eschelles, ponts, & aultres semblables oeuures de charpenterie.

Il a l'intelligence de l'artillerie; comment on en vse en bataille, siege, defense & offense. Il en scait les mesures & proportions requises, il cognoist la force de sa portee, de balles chaudes ou froides.

Il a la science des feux artificiels pour en assaillir & tourmenter son ennemy, soit es villes & forts, ou en campagne. Tous lesquels exploicts, ne sont sans grande science & artifice. En somme pour raccompter toutes les diuersitez des faits & occupations militaires, accompagnez de grande subtilité, prudence, science & dexterité, il en fauldroit faire vn traicté a part.

Et

Et cecy quât aux labeurs. Quât aux frais: Ne fault il pas qu'il foit pourueu d'vn bon harnois, & armé de toutes pieces; d'vn bon cheual, & de
toutes aultres neceffitez. Combien des pertes y á il auffi, de forte que plufieurs milliers des grans perfonnages, y employent tous leurs biens, auec
le hazard de les perdre tout au commencement. Ioinct que pour mettre en compte les defpens de l'apprentiffage de ceft art, il y fauldroit auffi
plus de papier. Mais le bon foldat eft fi noble, qu'il ne fe foulcie de tout
cecy ayant pour le bout de tous fes labeurs, dangers & pertes, iufques a
la vie mefme, fon honneur & reputation. Il y á tel, qui fort de fa maifon
bien monté & equippé, & retourne a la maifon tout nud & harraffé, y
ayant fouuent laiffé vn bras, main, iambe ou pied pour les gages; foula-
gé feulement de l'honneur acquis par fa prouëffe. Il y á tel, qui y employe tout fon patrimoine, non point en banquetter, iouer, ou aultres
excez, comme tu difois tantoft: mais l'achept d'aultres cheuaulx & armes, ou bien, eftant pris, en la rançon de fon corps & de fa vie: n'en attendant aultre falaire, que la bonne & honorable memoyre de fa vaillen-
tife, qui s'eftend mefme fur la pofterité.

Et pour te raccompter par le menu, tout ce qui fe paffe en la milice,
tât terreftre que maritime, quels trauaulx, artifices & ftratagemes s'y exer-
cent: ce feroit iamais acheuer.

Pour le quatriefme: Les arts qui ne s'apprennent, finon par
grand labeur & frais, voire auec le hazard de corps & de vie,
font de plus grande eftime (exceptée derechef la Theologie, re-
cciie, approuuée, & auancée par beaucoup plus de peine & dangers que
nul l'aultre) que toutes les aultres arts & fciences du monde.

L'Art militaire ne s'apprend &c.

--Ergo.

Des frais & labeurs nous en auons dit quelque chofe au precedent,
& en feroit la repetition odieufe. Mais quant aux dangers & hazards, il y
en á des exemples en gran nombre, qui font tres euidents. Et aduient aulcunesfois, en moins qu'vne heure ou deux, il y en quelque milliers, a l'e-
fpreuue de leur vie, tendus en la campagne, & monftrants qu'on n'y iouë
point de plumes, mais des armes plus fines & penetrantes: & n'en
doubte point qu'en ayant ouy les nouuelles, tu en auras fenty (côme vous
aultres homes amolis par la liberalité de vos arts) quelque apprehenfion.

Ie ne diray mot icy du grand danger des tyrons & amateurs de ceft
art, és fentinelles, foit de nuict ou de iour. Combien y á il des fentinelles perduës, aux approches de l'ennemy, foit en campagne, ou en vn fiege
de quelque place: ou aulcunesfois ils ne fe peuent tenir droicts & en pied,
ains font leur office, couchez tout plat en terre fur leur face, en la pluye, neige, grefle, tempefte, fans ofer bouger de leur place: attendants
toufiours le coup de quelque balle de canon, ou d'vn mufquet, ou de
quelque aultre arme violente, qui les defpeche & ofte du pain. Et qui
fçait fi l'ennemy les fuit en fecret, pour leur coupet la gorge, quant moins ils y penfent. Combien te pourrois-ie conter des fentinelles, voire mefmes plufieurs milliers du corps, mefme de l'armée, gelées en leur place?

Q   Il y

Il y á eu telle sentinelle, de mon temps, qui debuant estre retirée, á esté aussi dure & roide qu'vne pierre, ne s'osant mouuoir contre le froid de peur de contreuenir aux loix militaires, ou encourrir en quelque danger de l'ennemy. As tu bien senty semblable danger? ouy bien a l'ombre du four, chauffant les mains, ou les bruslant aulcunesfois en vne pomme rostie : ou bien a table, sustenant le chocq de quelque grand verre de vin: mais il y en á bien peu qui en semblable combat demeurent sur la place : & ceulx qui y demeurêt, en demeurent aussi notez de turpitude: mais nos tyrons y demeurent auec l'honneur de leur fidelité, qui leur demeure a iamais.

Musan. He mon amy Martin, iamais ie n'ouys discourrir soldat en la sorte que tu fais. Tu dis que les arts liberales ont leur lineaments tirez de l'art militaire : mais cependant tu dis mesme, qu'il n'y a tels labeurs & dangers de nostre part. Toutesfois il me souuient encor, & n'y a trop long temps, que nous auons rencontré en nostre camp des labeurs quasi semblables aux vostres. Car aussi y á il tel au camp des Muses qui faisant ses pourmenades nocturnes, ou en nopces ou en aultres festes & compagnies se trouue en escarmouches assez estranges, & si bien traicté ou de ses compagnons mesmes, ou des guettes de la ville, qu'a grand peine il peult sortir du lict en trois ou quatre sepmaines : & apres auoir deuoré ce bon traictement, á attendu vn aultre salaire, ascauoir la prison par le Recteur Mag. Qui est tout l'honneur qu'on en rapporte : Et s'il n'y a d'aultre vostre camp de Mars, iamais ie ne m'y vouldrois approcher. Et de faict j'y voys peu d'apparence, & peu de delineaments d'aultres honneurs chez vous.

Mart. Va bien Musan qu'entre les Muses, aultrement, comme femmes, tant delicates, il y á encor des courrages soldatesques : & m'asseure que s'ils passent de nostre costé, ils y prendroint plus de plaisir & de courage. Car prenans plaisir aux escarmouches, ils y trouueroint tousiours de l'occasion, & tant plus qu'ils s'y exerceroint, tant plus en rapporteroint ils d'honneur, & comme par degrez iroint tousiours montant & s'accroissant de reputation & de prouesse: sans aulcune peur d'estre enuoyez en prison, encor qu'ils auroint en vn iour occis plusieurs de leurs ennemis : ains en seroint plus aymez & honnorez.

Mus. Tu me parles tousiours des escharmouches, grans labeurs & dangers, mais quât a ce qui y est quasi de plus commun ascauoir d'yurognet, gourmader, iouer &c. tempester, oultrager desrobber &c. pas vn mot. Et comme j'entens, quant vous marchez, il n'y á hoste ou aultre qui puisse retenir sa cuisiniere, tant sont elles allechees de vos festins & grandes promesses qu'elles oyent. Tu me racomptes des grans trauaulx, des dangers de corps & de vie, mais de la bonne chere, auec Ceres Bachus & Venus, ie n'en oy rien. Peult estre que tu n'es de ce conuent.

Mart. Ie voy bien que tu en fais ton passe temps de m'ouyr ainsi de (ce qui toutesfois est du moindre) nos grans labeurs, trauaulx & dangers, esquels nostre art s'apprend & s'exerce, mais ne scais tu pas, que l'arc tousiours bandé se rompt a la fin, & post nubila phœbus, & qu'ayant eschappé quelque grand danger, on se refaict d'vn bon morceau & d'vn bô traict.

traiĉt. Car qui vouldroit eſtre ſoldat, s' il n' y auoit quelque refeĉtion a-
pres le labeur.

Muſ. Mais tu me diſois n' a gueres, que tu demonſtrerois, tous tes propo-
ſitions par authoritez & exemples des Grecqs & des Latins. Et trouues
tu entre tes autheurs, que ces peuples la ſe ſont ainſi refaiĉts apres leur labeurs & dangers? Certes j' oſeroy bien dire que ton Vegece, Frontin &
Ælian n' en font aulcune mention.

Mart. Tu es ſophiſte, & me pretens detourner de mon propos, par ſemblables queſtions, auſquelles je te reſpondray en ſon lieu: mais maintenãt,
pour retourner au propos commencé, je dis pour le cinquieſme:

L' art qui de tous hiſtoiriens & autheurs plus renommez, eſt
eſtimée eſtre la plus noble, vtile & neceſſaire, eſt ſans doubte
a preferer aux arts Liberales.

L' Art militaire eſt eſtimée telle des hiſtoriés & autheurs &c.
-- Ergo.

Or qu' ainſi en ſoit, & que l' art militaire ſoit tãt eſtimée entre les autheurs anciens & plus renommez: Voy Vegece en ſon prologue ſur le liure
premier: In hoc paruo libello, quicquid de MAXIMIS SEM-
PER NECESSARIIS requirendum credis, inuenies. C' eſt a
dire: Tu trouueras en ce petit liuret, tout ce que crois eſtre remarquable,
des choſes plus grandes & neceſſaires.

Et chap. 4. liu.1. Neq; enim PARVA AVT LEVIS ARS
VIDETVR ARMORVM, ſiue equitem ſiue peditem
ſagittarium velis imbuere. C' eſt a dire: Ce n' eſt art petite ou legiere de la milice, ſoit que tu vueilles enſeigner vn cheualier ou vn
archer a pied.

Au prologue ſur le liu.3. Athenienſes & Lacedęmonios ante
Macedonas rerum potitos priſci teſtantur annales. Verum a-
pud Athenienſes, non ſolum REI BELLICÆ, ſed etiam
diuerſarum artium viguit induſtria. Lacedæmoniis autem
PRÆCIPVA FVIT BELLORVM CVRA. Primi
namque experimento pugnarum de euentibus colligentes
ARTEM PRÆLIORVM, firmarunt vſque eo, vt REM
MILITAREM, quæ virtute ſola, vel certe felicitate credi-
tur contineri, ad diſciplinam pueritiæque ſtudia reuocarent,
ac magiſtros armorum, quos ταϰτιϰὸς appellarunt, iuuentutem
ſuam vſum varietatemque pugnandi præciperent edocere.
O Viros ſumma admiratione laudandos, qui eam præcipué
artem ediſcere voluerunt, ſine qua aliæ artes eſſe non poſſunt.
Ceſt á dire: Les vieilles annales teſmoignent, que les Atheniens & Lacedemoniens, ont eu le gouuernement de la Grece deuant les Macedoniens. Et chez les Atheniens on auoit ſoing, non ſeulement de la milice

Q 2   mais

.mais auſſi d'aultres arts & diuerſes ſciences: mais les Lacedemoniens e-
ſtoint principalement occupez du loing des guerres. Car eſtants les premiers qui de l'experience des ſoldats iugerent des euenements des batailles, ils ont tellement recerché & confermé l'art des batailles, que
la milice, (qui s'eſtime ſouſtenir de la ſeule vertu, ou bien du bon-heur
& felicité,) en fut remiſe a la diſcipline & eſtudes de la ieuneſſe; or-
donnants des Maiſtres des armes, leſquels ils appelloint Τακτικοι,
qui auoint la charge de luy monſtrer & enſeigner la diuerſité des combats & de l'vſage & maniement des armes, O gens dignes & de louange & admiration, voulants principalement apprendre ceſte art, ſans laquelle les aultres ne peuuent eſtre ou ſubſiſter.
Aſſez pour n'exceder la briefueté promiſe : j'eſpere que tu t'en contenteras.

Pour le Sixieſme: L'Art qui eſt la plus eſtimée des plus grands
perſonnages qui ſont au monde, comme Empereurs, Rois,
Princes, Sages & Philoſophes, tant Eccleſiaſtiques que Politiques; voire monſtrée & enſeignée de ce grand Dieu meſme
qui ſe nomme Le Dieu des batailles, eſt a bon droict preferée
a toutes aultres arts & ſciences.

L'Art militaire eſt telle.

–Ergo.

Or que l'Art militaire ayt eſté de tout temps en telle eſtime entre les
plus grāds & ſçauants perſonnages du monde, ſe voit par diuers exemples.
Ce grand Empereur Iules Ceſar ne s'eſt il pas luy meſme employé pour
la deſcrire? Auguſte n'en donna il pas luy meſme la charge expreſſe a
Vegece?

En quelle reputation eſtoit l'art militaire chez ce grand Roy Philippe
de Macedoine? Son fils, le grand Alexandre, combien la cheriſt il? voire tant, qui ayant remonſtré vn poete ancien qui l'á auoit deſcripte, il ne
ſe voulut repoſer, qu'il n'en euſt les eſcripts ſoubs ſon cheuet.

Ces grands & Sāncts perſonnages du peuple de Dieu, Ioſue, Dauid,
Les Machabees, ne l'ont certes eüe a nonchailoir. Combien inſtam-
ment prie ce grand Prophete Royal ſon Dieu, qu'il le vueille dreſſer
au combat, & renforcer ſon arc: ce n'eſt aultre choſe qu'il demande,
que la vraye & ſolide cognoiſſance de l'art militaire, deſirant de l'apprédre de ſon Dieu: & nō la Dialectique, Rhetorique, ou aultres ſemblables
fatrats. Et regarde les hiſtoires anciennes, & Chroniques, Bibliques, ſi
ce grand Dieu des batailles ne s'eſt ſoulcié de l'art militaire, des munitions & aultres choſes requiſes. Voire ce grand Roy des Rois, le Seig:
des Cieülx & de la Terre, ce Dieu & de paix & des armées, ne s'eſt il pas
luy meſme mis en bataille auec ſes exercites celeſtes, pour la defenſe
& le ſecours de ſon peuple? Na il point luy meſme monſtré comment il
fault ordonner vne bataille? demandez en a Moyſe, Ioſue, Gedeon, Dauid & aultres perſonnages ſemblables.

Et

Et afin que sur ce poinct, comme affez clair nous ne nous amufions trop longuement: que diras tu des plus grands, anciens, & fcauants entre tels Philofophes? Orateurs, Legiflateurs & aultres Profeffeurs de tels arts liberales? Certes ils en ont eu leur part, & ont toufiours conioinct l'art militaire auec les lettres.

Caton, combien eft il diligent en la deduicte de l'art militaire, ioincte auec fes Mufes, aufquelles il la prefere auffi? Et regarde auec quelle diligence il inftruit & exerce fon fils en icelle.

Socrates, le plus fage de la Grece, par le tefmoignage de l'Oracle, n'eftoit il pas bon foldat, & exercé en cefte art a fuffifance? Certes il a côduict trois armees auec grande louange.

Les Tarentins, ne fe font ils feruis d'Architas, pour eftre leur Chef?

Meliffe, ne fut il vn heureux Chef, de fon armade maritime?

Platon, n'eftoit il vn braue foldat au fiege de deux viles Iamagre & Corinthe?

Xenophon, n'eft eftoit il vn preux guerrier chez Cyre? Voire iufques a aymer vniquement fes armes mefmes.

Dionne vainquit il pas Dionyfe. Epaminonde, quel guerrier eftoit il? Certes eftant le chef des Beotiens, il a vainqu les Lacedemoniens tant eftimez en l'art militaire: & de fait il fut le premier & des Grecqs & Romains, qui monftraft, qu'ils n'eftoint inuincibles.

Zenon, efleu pour chef des Atheniens ne fift il bon debuoir contre Antigone?

Solon auffi n'a reiecté la charge de Capitaine en la guerre de Salamine: Et voy le ftratageme duquel il circonuient les Megarois.

Phryniche, s'eft il excufé quand il fut efleu chef de fon armée?

Ariftote, a debité & vendu tout le refte de fon patrimoine, pour s'en aller en guerre.

Homere, n'eftoit il bon foldat? Certes fes efcripts en rendent tefmoignage fuffifant.

Ouide, auoit auffi fa folde militaire foubs l'Empereur Auguste.

Virgile: Arma virumque cano. Oy quelle eft fon deffein & occupation. Le poete Timee, fut enuoyé d'Athenes pour eftre le chef & conducteur de l'armée Spartaine.

Lycurge ce grand Legiflateur, auec quelle diligence recommande il l'art militaire a fes bourgeois. Vois en Iuftin au liure troifiefme.

De mefme en fit Mago ce grand chef des Carthaginois, les aduertiffant toufiours qu'entre aultres vertus & difciplines, ils euffent l'art militaire en trefgrande recommandation.

Pythagoras, ne fit il pas retourner les Cratoniens a la difcipline militaire, laquelle ils auoint defia abandonnée? comme on voit en Iuftin liu 20.

Ciceron auffi eftoit affez bon foldat & gendarme.

Fabius auffi n'en eftoit pas des moindres entendus en l'art militaire.

En fomme ce ne feroit que perte de temps, de nommer par ordre tous les Philofophes & gens des lettres, dont vous vous vantez, qui ont auffi fait profeffion de l'art militaire.

Q 3   Pour

Pour le septiesme: L' Art, par laquelle toutes les Monarchies
& Royaumes du monde sont gaignees, establies & soustenues,
est a preferer (excepte la Theologie) a toutes aultres arts &
sciences.

L' Art militaire est celle la &c.

Ergo.

Or que par l' art militaire les Monarchies & Royaumes soyent esta-
blis, gaignez & soustenus, se peult demonstrer premierement par la S. E-
scripture. Car par quel moyen este ce, que ce Dieu grand & tout puissant,
introduict son peuple en la terre promise? Par quel moyen est ce, que le
Patriarche Abraham deliure son cousin Loth ? Par quel moyen est ce,
que le peuple de Dieu á soustenu ses royaulmes tant d'années ? Par quel
l' art est-ce, que ce grand Alexandre reduit en si peu de temps, quasi tout le
monde soubs sa puissance ? Par quel artifice est-ce, que les Lacedemoniens ont regné si longuement? Par quelles arts est ce, que les Romains ont
abaissé la plus part du monde soubs leur ioug ? En somme, pour dire aussi
vn mot de nostre temps, par quel art est-ce, que les Prouinces vnies du
Pais-bas, se sont opposez a vn Roy si puissant ? Certes ce n'a esté des plumes, par Philosophie, par Dialectique, Rhetorique, ou force d'argumēts
sophistiques: non Musan: mais ç' a esté l' art militaire par laquelle, non
sans grande admiration, ils ont osé faire teste a vn Roy, assez fort comme il
sembloit de faire ployer tout le monde soubs sa puissance. I'ay bien leu
quelques histoires, mais peu d'exemples des prouesses de la plume, & qu'
auec force d'encre ou de papier vn ayt gaigné ou deliuré quelque ville
ou place de la tyrannie de nostre ennemy commun le Turcq: peu de ces
barbares occis en cāpagne, par le moyē des arts liberales: aussi n'y ay je veu
guere de ces Academiques plumatiques en campagne ou en bataille: mais
bien les ay je ouy gronder & se vanter de loing, cōme les renards en leur tā-
nes, en lieux asseurez & hors des coups. La milice qui emporte la teste
auec la barbe &c. leur est trop suspecte, ils se garderont bien d'y approcher. Ainsi aussi quant a toy Musan, derriere le four, & au coups des pom-
mes rosties ou des balles de beurre, tu te ferois bien soldat, & au loysir
de farces & fables des Muses tu te monstrerois grand maistre : mais au
camp de Mars. nihil.

De sorte que vous nommāts soldats, vous n'estes toutesfois des vrays
& nobles, mais des soldats feincts & imaginatoires.

Mais il ne fault aller trop loing. Qu'est-ce, que les plus anciens histoires disent au sur plus de nostre art militaire.

Vegece en la preface du quatriesme liure dit: Ad complementum
ergo operis Maiestatis vestræ præceptione suscepti, rationes,
quibus vel nostræ ciuitates defendendæ sunt, vel hostium
subruendæ, ex diuersis authoribus in ordinem digeram, nec
laboris pigebit, cum omnibus profutura condantur. C'est a
dire : Donques pour l' accomplissement de l' œuure entreprise par le
commandement de Vostre Maiesté, ie deduiray par ordre les moyens
par

par lesquels nos villes peuuent estre guaranties,& celles des ennemis subuerties.   Et ne me sera ce labeur fascheux, d'aultant que les
choses qui en seront produictes, seront profitables a tous.

Lib. 1. chap. 1. Nulla alia re videmus populum Romanum or-
bem terrarum subegisse, nisi armorum exercitio, disciplina ca-
strorum, vsuque militiæ. Cest a dire: Il n'y a aultre moyen, par lequel le peuple Romain a subiugé le monde, sinon par l'exercice des armes,
la discipline du camp, & l'accoustumance a la milice.

Chap. 13. Liu. 1. Nihil enim neque firmius, neque felicius, neque laudabilius est Republ. in qua abundant milites periti.
Non enim vestium nitor, vel auri vel argent , vel gemmarum
copiæ, hostes aut ad reuerentiam nostram, aut ad gratiam in-
clinat: sed solo terrore subiguntur armorum. Cest a dire: Il n'y
a chose plus ferme, ne plus heureuse, ne plus louable, qu'vne republique
abondante de soldats bien dressez. Car ne la beauté des habits, ne l'abon-
dance d'or, d'argent ou de pierres precieuses, ne peult flechir les ennemis
a nostre obeissance & deuotion : ains il les fault assuiettir par la terreur des
armes.

Liu. 2. chap. 24. Militem, cuius est manibus seruanda Respu-
blica, studiosius oportet scientiam dimicandi, vsumque rei
bellicæ iugibus exercitiis custodire. Cest a dire: Il fault que le soldat, par la main duquel la republique doibt estre conseruée , entretiene
auec grande diligence, & exercice continuel, la science de combatre &
l'vsage de la milice.

Liu. 3. chap. 13. Neque enim diuitiarum secura possessio est,
nisi armorum defensione seruetur. La possession des richesses ne
peult estre asseurée, si elle n'est conseruée par la defense des armes.

Liu. 3. chap. 10. Omnes artes, operaque omnia, quotidiano
vsu & iugi exercitatione proficiunt. Quod si in paruis verum
est, quanto magis decet in maximis custodiri ? Quis autem
dubitat artem bellicam rebus omnibus esse potiorem , per
quam libertas retinetur, & dignitas prouinciæ propagatur,&
conseruatur Imperium. Hanc quondam relictis doctrinis o-
mnibus Lacedemonij, postea coluere Romani. Hanc solam
hodieque barbari putant esse seruandam. Cætera omnia aut
in hac arte consistere, aut per hanc assequi se posse confidunt.
Cest a dire : Toutes les arts, de toutes œuures sont auancees par
l'vsage quotidien & continuel exercice. Ce qui estant trouué
veritable en choses petites , debuoit estre plus soigneusement
remarqué en celles qui sont de plus grande importance. Or
qui

qui eſt ce qui doubtera, que l'art militaire ſoit la plus impor-
tante que toutes, comme par laquelle la liberté eſt maint: nūe,
la dignité de la Prouince propagée, & l'Empire conſerué. Les
Lacedemoniens abandonnants toutes les aultres s'y adonne-
rent du paſſé: Les Romains en apres s'y exercerent. Les Barbares auſſi meſmes l'eſtiment digne par deſſus toutes aultres
d'eſtre conſeruée, eſtimants que tout le reſte y eſt compris, ou
qu'on ſe peult acquerir le tout par icelle.

I'ay reſerué ces paſſages en leurs propres termes, iuſques en ce lieu,
les debuant alleguer deſſus: mais c'eſt pour te monſtrer icy a l'oeil, en
quelle eſtime ceſte noſtre art tant noble & digne a eſté eſtimée des ahci-
ens Lacedemoniens, Romains, & meſme des Barbares, la preferant a
toutes aultres arts & ſciences, qui ſont au monde. Et eſpere que tu ſetas
content de ces ſept teſmoignages ſi clers & magnifiques. Et ſi tu en demandes dauantage, j'y pourrois adiouſter encor pluſieurs: mais ce ſerá
pour vne aultre & meilleure commodité: m'eſtant icy obligéa briefueté.

Muſan. Tu vas recerchant tout ce qui eſt de ta boutique : mais quand ces
Philoſophes diſent quelque choſe, qui ne te ſoit trop auantageuſe, ou
bien du tout contraire, alors tu ſcais bien diſſimuler, comme ſi tu n'en
auois rien ouy ou remarqué. Mais as tu auſſi leu ce que Platon en dit?

Martin. Ie ne ſcay: & pourroit bien eſtre: mais dis le pour m'en raffaiſchir la
memoyre.

Muſan. Bien volontiers. Il dit donques: Beatas fore Reſpublicas, ſi
aut imperent Philoſophi, aut Philoſophentur Imperatores.
Ceſt a dire : Que les republiques ſeroint heureuſes ſi les Philoſophes y commandoint, ou ſi les Cōmandeurs philoſophoint.
Cōment te plaiſt ceſte ſentence? qu'en dis tu? Il ne dit point:
Vbi bellicæ artes aut milites imperant, quand les ſoldats y
gouuernent, ains: Vbi Philoſophi imperant, ou les Philoſophes
commandent.

Mart. Helas amy Muſan, que ta propoſition eſt fade & froide, & mal entendue, ſi tu y entens ſes fols Philoſophaſtres, qui ignorants de la vraye
Philoſophie, qui cōioinēt touſiours Mars & les Muſes enſemble, s'enyu-
rent de leur foles & fantaſtiques ſpeculations, & du reſte ſont inutiles a
toutes aultres choſes. Et de fait, ie te monſtreray tout le contraire par les
hiſtoires, aſcauoir qu'il n'y á eu des republiques plus malheureuſes, que
celles qui ont eſté ſi ſimples, de recommander le Gouuernement a des
gens ſemblables. Et comment regiront le gouuernail ou timon, les gens
ombratiles & ignorants de ceſte nauigation? Regarde l'exemple des deux
Catons bien louables en leur endroit, comme auſſi je les reuere volōtiers:
mais quels ſont ils, quand ils ſe fleſchiſſent trop vers le coſté de la pretendue, & non vraye Philoſophie? l'vn par ſes fols preceptes & loix pris de la
Philoſophie, trouble le repos & l'eſtat de la republique: L'aultre par ſa
trop grande ſageſſe la ſubuertit quaſi du tout. Et quoy d'aultres ſemblables?

bles? Examine les Brutes, les Caffies, les Graches, vn Ciceron, & aultres:
tu trouueras qu'ils n'ont esté que des pestes tresdommageables de la republique Romaine, tout ainsi qu'vn Demosthene de celle d'Athenes.
Marc Antonin ne fut il pas suspect, voire odieux au commencement, a
cause qu'il auoit le nom de Philosophe? Et tels exemples pouuoint estre alleguez en grand nombre.

Musan. Ie voy bien qu'il y auroit peu de gaing sur toy, si vn vouloir espu-
cher le tout par le menu: mais d'aultant que tu t'es obligé a briefueté, je
net'en tourmenteray dauantage, ains laisseray ton art militaire estre art
telle qu'elle est, concedant pour te contenter tout ce que tu en demandes.
Mais deuant de partir, souuienne toy que tu as promis de monstrer, quelles
arts liberales ont pris leurs delineaments de l'art militaire, dont j'en vou-
uldrois bien ouyr la deduicte, & veoyr en quoy elles se resemblent.

Mart. I'en suis content, & pour conclusion de ce second liure, te le monstreray succinctement. Et pour le premier; c'est vne chose tresasseurée,
que vos arts liberales ne sont qu'vne pourtraicture des arts militaires. Car
n'est-ce pas de la que vous auez transferé ces mots a vostre vsage, de Ba-
silicæ, Scholæ, Classes, Decuriæ, Declinatio, Coniugatio,
Coniunctio, Præpositio, Suppositio, Constructio, Ascensio,
Degradatio, & aultres quasi innumerables? Car comme en vos e-
scholes, vous auez ces ordres & repartissements, en classe & decuries,
ainsi l'auons nous eu es nostres au parauant. La on prend singulier esgard
aux ascensions & degradations des Tyrons. Et n'auez vous aussi emprunté ceulx cy de nous? Tyro, Miles, Ludimagister, Doctor, Candidatus,
Baccalaureus? D'ou est-ce que vous auez vos promotions des Maistres
& Docteurs, sinon de l'imitation de nos procedures, lesquelles vous con-
trefaictes comme singes? Et qui est-ce que vous eust monstré comment
vous debuiez creer vn Docteur, si vous ne l'eussies veu en nos escholes
militaires? Chose tant claire, qu'il n'y á besoing de tesmoignages. Mais
d'aultant que tu en pourrois encor doubter; lis seulemét les Autheurs qui
ont escript de l'art militaire, & tu y trouueras beaucoup plus de ce que ie
t'ay dit.

Pour le second, du commencement de ces delineaments, tu compren-
dras aussi sans beaucoup des longs propos, quelle conionction & paren-
tage il y á entre vos arts liberales, & l'art militaire. Laquelle a bon droict
s'accompare a la conionction du mary & de la femme; dont s'en-
gendrent tant des esprits heroiques. Et tandis que Mars a esté en telle &
bonne conionction auec les Muses, tout le monde en á iouy de prosperi-
té. Et de faict, je te monstreray, qu'entre les Romains, tous les soldats, &
petits & grands, ont esté lettrez & doctes, mais enseignez en leur langue
naturelle. De la est ce que Vegece dit liu. 2. chap. 13. Ita vt ex cohor-
te, vel quota esset centuria in vexillo litteris esset ascriptum,
quod intuentes vel legentes milites, in quantouis tumultu a
contubernalibus suis aberrare non possent. C'est a dire: Les compagnies estoint tellement reparties, que chasque troupe auoit son
nombre, marque en l'enseigne: de sorte que les soldats le voyants ne pou-

R.   uoint

uoint faillir, combien que la meſlée fut grande, de recognoiſtre ſon enſeigne, & s'y ioindre promptement.

Liu. 2. chap 6. Sed prima cohors reliquas & numero & digni-
tate militum præcedit. Nam genere & inſtitutione litterarum
viros lectiſſimos quærit. Ceſt a dire : La premiere troupe deuance touſiours les aultres tant en nombre, qu'en dignité des ſoldats. Car elle demande les hommes plus exquis, & en nobleſſe & en la cognoiſſance
des bonnes lettres.

Liu. 5. chap. 7. Et hoc eſt in quo totius REIPVBLICÆ ſa-
lus vertitur, vt tyrones non ſaltem corporibus ſed etiam ANI-
MIS PRÆSTANTISSIMI deligantur. Vires Regni, &
Romani nominis fundamentum, in prima delectorum exa-
minatione conſiſtunt. Nec leue hoc officium putetur, aut
paſſim quibuſcunque mandandum, quod apud veteres inter
tam varia genera virtutum, in Sertorio præcipuè conſtat eſſe
laudatum. Iuuentus enim, cui defenſio prouinciarum, cui
bellorum fortuna committenda eſt. & genere, ſi copia ſuppe-
tat, & moribus debet excellere. Honeſtas enim idoneum militem reddit. Ceſt a dire: Et c'eſt en cecy, que le bien de la republique
conſiſte, aſcauoir, que les tyrons ſoyent choiſis non ſeulement
ſelon la force du corps, mais auſſi ſelon l'excellence de l'Eſprit.
Car la puiſſance du Royaulme, & le fondement du nom Romain giſt, en
vn diligent examen de ceulx, qui doibuent eſtre d'eſlitte. Et ne fault pen-
ſer que ce ſoit peu de choſe, ou vne charge, qui ſe puiſſe recommander a
chaſcun, laquelle entre vne ſi grande varieté des vertus a eſté louée des anciens en Sertorius. Car il fault que la ieuneſſe, a laquelle la defenſe des
prouinces, & la fortune de la guerre doibt ceſtre commiſe, ſoit remarquée
& de nobleſſe, & s'il y á moyen, des bonnes meurs. Car l'hôneſteté recommande le ſoldat.

Voyla vne vraye deſcription de la milice Romaine, en laquelle on ta-
ſchoit, aultant que poſſible, de faire l'eſlitte des gens de lettres, eſtimants
ne pouuoir eſtre bons ſoldats ceulx qui n'en eſtoint aulcunemét embeus.
Alors il y auoit meilleure correſpondence entre Mars & les Muſes: il y a-
uoit vn amiable mariage, accompaigne d'vne loyaulté treſconſtante.
Mais auſſi toſt que Ciceron, Pompee, & aultres ſe ſont preſentez, atten-
tants & parfaiſants la diſſolution de ce lien de mariage, detournâts les Muſes de leur fidele mary, aſcauoir de Mars (qui en auoit ingendré des E-
ſprits vrayement heroiques, des vainqueurs & triumphateurs de leurs
ennemis) faiſants a croyre a leur generation, qu'il falloit quitter les honneurs dangereux de leur pere, ſe retirer des playes ſanglantes, grands labeurs d'endurer ſans intermiſſion, faim, ſoif, chaleur & froidure, voire attendre a chaſcun moment la mort en la fleur de leur aage; & ſuiure leurs
meres, les Muſes, doulces & repoſées, qui les eſleueroint a grandes dignitez, & aux Gouuernement des empires, royaulmes, prouinces, & villes:

tout

tout s'eſt changé. La generation de ceſte race valeureuſe á ceſſé : La grandeur Romaine a decliné, & les victoires ont priſes fin. Voire Mars degouſté & courroucé d'en ſi malheureux ombrage, de ceulx auſquels il auoit ſeruy, & qu'il auoit auancé, d'vne ſi vilaine deſloyaulté de ſes eſpouſes les Muſes, les laiſſant faire la court a ces paillardes, s'eſt retourné vers leurs ennemis, & auec ſoy y á tranſporté toutes les victoires, & les ſuccez heureux, deſquels il eſtoint ornez, compelez & auancez au parauant. De la le diſcord de leurs Chefs, de la les guerres ciuiles, eſquelles ils ſe ſont deuorez eulx meſmes, de la l'amoindriſſement de leur puiſſance, de la le decroiſſement de leurs territoires & prouinces, de la les rebellions, de la en ſomme tout leur malheur & meſpris, en ſorte que ceulx qui meſmes trembloint a la memoyre de leur nom, leur oſoint faire teſte. Et quant a Mars meſme, il ſemble eſtre tellement eſmeu & deſpité de ce laſche tour de ſes eſpouſes des Muſes, que jamais il ne ſe pourra reconcilier, & les reprendre a ſoy. Dont nous voyons encor pour le preſent le default, de ces genereux eſprits.

Et eſt-ce vne choſe aſſez deplorable, que depuis le commencement de la decadence de l'empire Romain iuſques a preſent, meſme entre les Chreſtiens, qui euſt le ſoing, & princt la peine de reconcilier ce mariage de Mars & des Muſes. C'eſtoit bien du debuoir de leurs propres enfants, aſcauoir des Empereurs, Rois, Princes, Contes, Barons, Cheualiers & aultres ſemblables, iſſus de ceſte couche coniugale, voire de retenir quelque peu leurs meres, qu'elles né s'abandonnaſſent ainſi du tout a ces viles ames de leurs pretendus amateurs, dont ne reuſſiſſent que des baſtards execrables ; & les importuner de retourner auec la deüe reuerence vers leur propre mary, pour abolir la honte receüe : mais auſſi de ceſte part il y grande difficulté. Toutesfois je ne doubte aulcunement s'ils en faiſoint l'eſſay, ils en auroint toutesfois l'honneur de la bonne volonté : & qui ſcait, ſi Mars qui n'eſt ſi farouche, ne ſe laiſſeroit quelquement adoulcir, & ſe remettant de leur coſté les releueroit auſſi en la vieille dignité, & felicité paſſée.

Muſan. Hé mon amy Martin, que tu m'as eſmeu vn grand amour vers l'Art militaire, & deſir de l'apprendre, pour veoir, ſi par auentureie pouuois paruenir a tel degré d'honneur & de nobleſſe, comme je m'en eſtois perſuadé des arts liberales, les eſtimant le ſeul moyen d'y paruenir. Et pourtant dis moy quelle diuerſité y á il, ou quelles eſpeces. Car j'ay remarqué en ton diſcours quelque diuerſité, oultre ce que tantoſt, tu en parles comme ſingulier art militaire, tantoſt tu en parles comme de pluſieurs arts militaires ?

Mart. Si tu parles a bon eſcient, amy Muſan, je ſuis certain, que tu ne t'en repentiras iamais. Et comme on dit au prouerbe de celuy, qui retient vn charriot d'or, s'il ne ſe l'aproprie du tout, pour le moins il en tirerá & retiendrá vn clou; ainſi en ſerá auſſi de toy : ſi t'exerceant deüement en l'art militaire, tu ne viens au plus hault degré de Generaliſſime, ou Chef ſouuerain de l'armée, Mareſchal de camp, ou aultre tel, comme les plus haults ſe ſuiuent l'vn l'aultre ; tu paruiendras peult eſtre a celuy de General, qui eſt deſia vn degré Principal & de Prince : Sinon de Prince, ce ſerá

de con-

de conte, tel qu'eſt celuy du Lieutenant General: s'il n'eſt de Conte, il ſera de Baron & Cheualier, tel qu'eſt celuy de Capitaine d'aultant des ſoldats. S'il n'eſt de Baron, il ſera de Gentilhôme, comme eſt celuy du Lieutenant ou Port-enſeigne. En ſomme, ſi tu n' attains le plus hault; tu ne
faillira s toutesfois de paruenir a quelque moindre, par lequel (comme tu
en verras l'experience) tu iras touſiours montant iuſques au plus hault de
ta portée. Et pour te dire, combien il y á des diuerſitez & eſpeces en l'art
Militaire ou en la milice, qui eſt le Genus, comme on le nomme es e-
ſcholes; ſache qu'il y á ſix diuerſitez comme eſpeces.

La premiere l'Art militaire ou milice á pied, ou de l'Infanterie.

La ſeconde, L'Art de la Caualleric.

La troiſieſme, La ſcience ou art des batailles.

La quatrieſme, L'art de l'Artillerie.

La cinquieſme, L'art de fortification.

La ſixieſme, L'art de combatre a batteau.

Cécy ſont ſix eſpeces, de ſciences eſquelles toute l'art militaire conſiſte. Leſquelles ie compt endray enſemble (Dieu aydant)en vn traicté
au liure quatrieſme, pour y monſtrer comme en vn compende ou abbregé
les regles particulieres de chaſcune.

Mais le chemin pour paruenir a vraye nobleſſe, eſt ceſthuy cy, aſcauoir,
qu'ayant bonne cognoiſſance de toutes enſemble, ou d'vne auſſi en particulier, tu l'exerces fidele & conſtamment contre ton ennemy.

Muſ. Mais comment ſerá il poſſible, qu'vn homme puiſſe exercer & prattiquer toutes ces ſciences? Certes il y fault pluſieurs armees pour vne ſeule
pour la bien apprendre. Et combien y en á il qui demeurent ſur l'apprentiſſage? & ſuis bien aſſeuré, que de pluſieurs milliers il y aurá a gran peine vn ou deux, qui en viennent a bout.

Mart. Tu dis bien Muſan. Et c'eſt de cecy que ie me plains principalement,
aſcauoir qu'il fault que le ſoldat apprenne premietement, quand on le
veult mettre en œuure entre l'ennemy. Apprentiſſage bien cher & dangereux: car l'ennemy n' y ioue pas : & debuoit il auoir appris, deuant d'en
venir ainſi a l'eſpreuue. De fait, c'eſt de la que de quelque cents annees en
çá il y á eu ſi gráds deſaſtres & malencontres aux guerres, aſcauoir, faulte
de diſcipline, & inſtitution militaire, & meſme on ne ſcait la maniere de
bien guerroyer, ou s'il y en á quelques vns qui en ont quelque intelligence, ils n' y ſont ouys. Et voila comment tout va par vn malheureuz deſordre: Le ſoldat eſt pris de la chatrue ou d'aultre labeur, chargé pluſtoſt que
garde de ſes armes: eſt enuoyé vers l'ennemy pour apprédre a en iouer ou
vſer; qui bien ſouuentesfois luy coupe la gorge a la premiere rencontre, & le
faict payer, non vn Minerual, mais vn Martiol bien cher pour la premiere
& derniere fois. Les anciens en faiſoint bien aultrement, ne receuant
pour ſoldat, ſinon celuy, qui eſtoit bien inſtruict en l'art militaire, ou a l'e-
ſpece a laquelle on le vouloit appliquer. Auſſi ont ils eſté plus heureux en
leurs entrepriſes. C'eſt par ce moyen que les Lacedemoniens ſe ſont tant
eſleuez en puiſſance. C'eſt de la que ce grand Alexandre ſubiugé en peu
de

de temps auec si peu des gens, de sorte que le nombre des terres, prouinces, villes & forteresses surmontoit quasi celuy de ses soldats, mais veterains
& bien versez es armes, & exercez en l' art militaire. C'est ainsi que les
Romains se sont acquis & conserué si long temps, la Seigneurie de quasi
tout le monde. C'est ainsi qu' encor pour le present le Turq va accroissant
de plus en plus sa puissance. Combien que cestuy-cy n'en á pas oncor la cognoissance si parfaicte que les aultres, n'en approchant a peine de la ceties-
me partie. Qui est l' vne des œuures de la Prouidence Diuine, pour la con-
seruation d' vne petite partie de son peuple. Car c'est luy qui la luy tient
encor cachée; la ou s' il en venoit a quelque perfection, cest vne chose asseurée, qu'il en auroit bien tost trouué la fin de toute la Chrestienté.

Musan. Tu me dis beaucoup de la maniere de bien guerroyer, que toutes
les Monarchies, Royaulmes & Seigneuries en sont acquises & soustenues, & se maintiennent aussi long temps, que la discipline & art militaire,
dont ceste maniere de bien guerroyer prouient est maintenue. Mais di
moy aussi, que c'est de la ditte maniere de bien guerroyer, & qu' est ce que
tu entends par ce mot.

Mart. I'en ay parlé souuent en ce discours; mais pour t' expliquer icy tout
par le menu, le temps ne le permet, & nostre propos en seroit trop loing:
ioint que ce seroit vn labeur inutile, la chose estant encor trop haulte,
en sorte que tu ne la pourrois comprendre. Mais, s' il plait a Dieu, apres
t' y auoir encor quelque mieulx preparé es deux liures suiuant, je le te de-
clareray au cinquiesme liure, tout ronde & ouuertement.

Musan. Sus donques, je ne contenteray de ce que tu m' en as dit, & cependant m' exerceray es elements de ces arts militaires. Mais quelle grace y
auray-ie? Il y á desia vingt & quatre ans que j' ay appris l' A. B. C. es escholes, & m' en suis tellement auancé, que je pourroys acquerir le degré de
Docteur: & me mettray-ie maintenant derechef a apprendre des elemēts,
comme vn petit enfant.

Mart. Mon amy, tu as iusques a present traicté des choses pueriles: Mais
maintenant tu t' achemineras aux choses viriles, desquelles tu ne peulx
ny ne doibs auoir honte. Ie les appelle elements: mais ce sont les premieres degrez a la virilité; dont aussi dit Virgile, *Arma virumque cano.*
Ce ne sont choses pueriles, ni des jeus des enfans, qui y sont traictez, mais
les moyens d' acquerir vray honneur & reputation.

Mus. Mais qu' en diront més Academiques? Ie crain cettes qu'ils ne seront
trop contents, que je m' ay ainsi laissé persuader, de quitter le camp des
Muses, & me faire soldat. Quant a eulx, ils en eussent mieulx aymé d' en
faire vn Chanoine ou aultre telle creature de robbe longue. Et de toy penses tu qu'ils en seront trop contents, que tu les traictes si lourde & inciuil-
lement.

Mart. Qu'ils facent ce qu'ils vouldront. De toy ils diront bien, que tu
t' es enfuy de leur eschole, & t' es adonné a aultres arts: Et de moy, d' en a-
uoir gran gré & d' en attendre gran salaire, je sçay bien que non. Toutesfois je proteste, qu' en ce mien discours je ne pretens rien qui soit contre
l' honneur & reputation des vrays & bons Academiques: ains que je parle
de ces Philosophastres qui se fourrent parmy eulx, pour auancer leurs
abuz, & entretenir la jeunesse a tort par leur subtilitez ou sophisteries.

Car ie ſeay bien, par la grace de Dieu, quelle eſt l'vtilité des Academies, & quels fruicts en ſortent au profit de tout le monde. Toutesfois, s'il y auoit quelqu'vn qui auoit enuie de quereller côtre moy, ie le remarqueray pour tel, qui prend plaiſir es excez taxez, & les vouldroit maintenir auec le dômage du publiq pour ſon propre intereſs: & de faict i'y verray, que i'ay touché ou attaint: car ſelon le cômun prouerbe, quand on iette vne pierre entre les chiens, celuy qui en eſt touché eſt le premier a crier. Cependant ie vouldroy bien ſouhaiter aux Academiques, que ce bon Dieu leur fit la grace, de leur occurir les yeulx, en ſorte que regardants les temps & les manieres anciennes d'enſeigner la ieuneſſe, ils entendiſſent quel profit & auâtage ils euſſent fait par toute la Chreſtienté, s'ils euſſent propoſé les arts militaires, ioinctes aux liberales, auec meſme zele & inſtance, ainſi qu'on faiſoit entre le peuple de Dieu, meſme en l'Ancien Teſtament. Ou que pour le moins ils y euſſent obſerué la diſtinction naturelle, de toutes eſtats: En ſorte qu'a la Nobleſſe, comme ordonnée de Dieu a cela, ils euſſent recommandé la milice auec les lettres: auec meure conſideration de ce vers ancien Tu ſupplex ora: Tu protege: Tuque labora, C'eſt l'office des trois eſtats. L'Eccleſiaſtique á ſoing de la prière & du ſeruice Diuin: celuy de la Nobleſſe, de la defenſe: Le commun de trauailler, pour l'entretien & de ſoy, & des aultres. Et vn chaſcun faiſant ainſi, ce qui eſt de ſa charge, ſans doubte tout le monde deliuré de la confuſion qui le trauaille a preſent, ioyroit d'vne amiable paix & proſperité.

Muſan. Par tu vie, Martin, que le commun, auquel tu comprens les villageois, les marchans, artiſans & aultres ſemblables gens, n'oye cela de toy, que tu leur impoſe: la charge de trauailler pour l'entretien des aultres deux, aultres eſtats, de peur qu'ils ne commencent vn nouueau procez contre toy.

Mart. Mais qu'eſt ce qu'ils pourroint faire. Vn procez? Mais ne ſcais tu que la ſentence y eſt deſia donnée par ce grand Roy des Rois, & iuge des iuges? Donnez a Cæſar les choſes qui appartiennent a Cæſar: & a Dieu les choſes qui appartiennent a Dieu. Laquelle tu ſcais bien iuſques ou elle s'eſtend.

Muſan. Ie le ſcais bien. Mais garde toy de te meſler entre les Theologiens. Car i'entens que tu les reſpectes encor, voire iuſques a preferer leur ſcience a ton art militaire, intitulant de plus haulte & plus noble, que toute les aultres. Et eſpere que tu les laiſſeras en ceſte grandeur.

Mart. Ouy dea. Et ne ſcais tu que c'eſt a dire, qui vous touſchera, il touſchera la prunelle de mes yeulx. Ioint que bons fideles & ſynceres paſteurs, ſont auſſi des maiſtres d'vne milice Spirituelle, nous enſeignant comment nous debuons defendre nos ames, & combatre contre des ennemis inuiſibles, qui auec grandes forces & ruſes pretendent nous priuer de noſtre ſalut. De ſorte qu'ils ont auſſi grande conformité auec nous qui ſomes ſoldats corporels. Et de faict ils ont auſſi ſoldats, & en guerres, batailles, & combats & eſcarmouches beaucoup plus dangereuſes que nous. Voire l'Apoſtre S. Paul eſtoit auſſi vrayement ſoldat, quand il s'acheminoit armé auec ſa troupe vers Damas. Certes il y auoit ſon harnois & l'eſpee ceinte au coſté, & le reſte, ſans doubte bien a la ſolda-

teſque

tefque. Et de la est ce que pour amer le soldat spirituel, il a les termes si propres, pris du soldat corporel, l'equippant de toutes pieces, d'halecret, la ceincture, le heaulme, bouclier & glaiue, & luy en monstrant l'vsage contre son ennemy. Ce bon Dieu face la grace, que comme nous triomphons aulcunesfois de nos ennemis corporels, ainsi aussi en ceste guerre tousiours vigilants & sur nos gardes, emportants finalement la victoire, & gardants foy & bonne conscience, nous recebuions la courône promise de paix & repos eternel. Amen. Amen. Amen.

Summo militi, pro genere humano militanti,
sit laus & gloria
Per omnem perennitatem. Amen.

Fin

Du second liure de l'art militaire a Cheual.

www.ingramcontent.com/pod-product-compliance
Lightning Source LLC
Chambersburg PA
CBHW071700200326
41519CB00012BA/2579